W0256527

Batz   Das SAS Survival Handbuch

Wolf-Dieter Batz

Das SAS Survival Handbuch

Eine praxisorientierte Einführung

Mit 87 Abbildungen
und 18 Zeichnungen

Springer

Wolf-Dieter Batz
Eichendorffstraße 12
D-69126 Heidelberg

ISBN-13:978-3-642-79005-8   e-ISBN-13:978-3-642-79004-1
DOI: 10.1007/978-3-642-79004-1

Die Deutsche Bibliothek – CIP-Einheitsaufnahme
Das SAS-Survival-Handbuch: eine praxisorientierte Einführung
Wolf-Dieter Batz – Berlin; Heidelberg; New York; London; Paris; Tokyo;
Hong Kong; Bacelona; Budapest: Springer, 1995
ISBN-13:978-3-642-79005-8

Dieses Werk ist urheberrechtlich geschützt. Die dadurch begründeten
Rechte, insbesondere die der Übersetzung, des Nachdrucks, des Vortrags,
der Entnahme von Abbildungen und Tabellen, der Funksendung, der Mi-
kroverfilmung oder der Vervielfältigung auf anderen Wegen und der Speicherung in Datenverarbeitungsanlagen, bleiben, auch bei nur auszugs-
weiser Verwertung, vorbehalten. Eine Vervielfältigung dieses Werkes oder
von Teilen dieses Werkes ist auch im Einzelfall nur in denGrenzen der ge-
setzlichen Bestimmungen des Urheberrechtsgesetzes der Bundesrepublik
Deutschland vom 9. September 1965 in der jeweils geltenden Fassung
zulässig. Sie ist grundsätzlich vergütungspflichtig. Zuwiderhandlungen
unterliegen den Strafbestimmungen des Urheberrechtsgesetzes.

© Springer-Verlag Berlin Heidelberg 1995
Softcover reprint of the hardcover 1st edititon 1995

Zeichnungen von Barbara Collins
Konvertierung gelieferter Autorendaten durch Josef Hegele
Hersteller: Peter Straßer; Redaktion: Barbara S. Hellbarth-Busch
Umschlaggestaltung: Konzept & Design, Ilvesheim
Bildmotiv: Agentur Transglobe/Hulton Deutsch, Hamburg

Gedruckt auf säurefreiem Papier SPIN 10131471   33/3140 5 4 3 2 1 0

Vorwort

1. Zur Geschichte

Es war an einem verkaufsoffenen Samstag im Frühjahr 1992, als eine Gruppe engagierter junger Systementwickler/Innen im Heidelberger Bistro Krokodil bei einigen Tassen Kaffee zusammensaß. Vereint durch den Umstand, daß ihr Lebensunterhalt auf die eine oder andere Weise mit den Produkten des SAS Institute zusammenhing, wurden heftig diesbezügliche Erfahrungen und Erkenntnisse ausgetauscht.

Jeder von uns (denn ich selbst war Teil der Runde) hatte im Umgang mit Kunden die Erfahrung gewonnen, daß ein schneller Einstieg in ein Produkt wie das SAS System ohne fremde Hilfe fast unmöglich erschien. Diesen Zustand empfanden wir gemeinsam mit der in zwanzig Jahren kräftig gewachsenen Gemeinde von SAS Anwendern als ziemlich unbefriedigend. Zwar kann SAS Institute heute mit einem umfangreichen und gut sortierten Schulungsprogramm aufwarten. Der „freie Markt" jedoch befindet sich weiterhin im Tiefschlaf, aus dem er ab und zu erwacht, um uns mit einem weiteren „SAS Biometrie-Schinken" zu verwöhnen.

Vermutlich ein kollektiver Anfall wilder Entschlossenheit generierte in uns plötzlich die Überzeugung, eine SAS-Einstiegshilfe in (bereits anderweitig bewährter) Light-Technologie könne diesen Zustand fortan beenden, und wir seien die Auserwählten, dieses in einer Rekordzeit von drei Monaten zu verwirklichen. Primäre Zielsetzung: So produktunabhängig und praxisorientiert wie möglich einem neuen Benutzer den Zugang zum Komplex „SAS System" ermöglichen.

Unsere erste Vision eines ausgereiften Multimedia-Produkts wurde ebenso wie die Idee eines „normalen" Videofilms als zu aufwendig verworfen. Ein Zeichentrickfilm ließ das Projekt erstmals realisierbar erscheinen, allerdings kaum in der beabsichtigten Zeitspanne. Stattdessen verhalf uns ein gut anderthalb Meter großer Ameisenbär im Schaufenster gegenüber zur Idee des cartoonisierten Kursbuchs welches Sie jetzt in Ihren Händen halten.

Zwischenzeitlich hatte den Enthusiasmus unseres Autorentreffens die Schwindsucht befallen. Der Arbeitsalltag mit seinen Nahzielen organisierte unsere Prioritäten auf seine Weise um. Manch einer hatte lohnendere Aufgaben gefunden und hinterließ seinen Beitrag teils handschriftlich, teils auf Disketten verschiedenster Systeme zur weiteren Verwendung. Plötzlich fand ich mich in der Rolle des verantwortlichen Autors unserer „Lean User-Guides" wieder.

Für den immensen Einsatz, den alle beteiligten Autoren über die Zeit der Entstehung dieses Buches außerhalb ihres normalen Arbeitstags eingebracht haben, möchte ich mich daher an dieser Stelle ganz besonders bedanken. Ohne ihren teilweise umfangreichen Input wäre dieses Buch auf ewig im Planungsstadium steckengeblieben.

Dank dafür, daß es nur dreißig Monate bis zur Drucklegung gedauert hat, gebührt den beteiligten Mitarbeitern des Springer-Verlags in Heidelberg. Ihr einfühlsames und spürbar routiniertes Autorenhandling hat mit sanftem Druck die Entwicklung des Werks am Laufen gehalten.

Für den richtigen Blick auf die Fähigkeiten des SAS Systems gibt es wohl keine bessere Quelle als die Mannen & Frauen der Consultingabteilung der SAS Institute GmbH in Heidelberg. Um keine Antwort verlegen sind sie oft Retter in höchster Not (sofern man ein Telefon dabei hat). Herzlichen Dank auch ihnen.

Viele müssen hier leider ungenannt bleiben, aber diese drei Namen fehlen noch: Artur Plätzchen, die unmögliche Figur, ist gebürtiger Ameisenbär. Aus unerfindlichen Gründen hat eine norddeutsche Firma ihr ganz ähnlich aussehendes Plüschtier „Günter Nasenbär" getauft. Beide erscheinen mit freundlicher Genehmigung der Firma Hanson White in Surrey, GB. Barbara Collins hat sämtliche Cartoons in diesem Buch angefertigt und damit Artur Plätzchen zum Leben erweckt.

Wie Sie sehen, kann dieses Buch schon jetzt auf eine bewegte Geschichte zurückblicken. Aber es geht erst los: Abhängig von Ihrer Akzeptanz werden diesem Erstlingswerk eine Reihe von spezielleren Betrachtungen einzelner Aufgabenstellungen und Lösungswege mit dem SAS System folgen. Wir warten also gespannt auf Ihr Feedback.

2. Zum Einstieg

So wie es aussieht, gehören Sie jetzt zur Gilde der SAS Einsteiger. Sie haben den ersten Schock vermutlich bereits hinter sich: den Anblick der SAS Handbücher! Haben Sie schon einen neuen Schrank bestellt? Mit der Zeit werden Sie nämlich immer mehr dieser Bücher bekommen. Jetzt gilt es jedoch erst einmal, die folgenden Leitsätze während Ihrer SAS-Benutzer-Karriere immer vor Augen zu haben:

Keine Panik! Gemeinsam kriegen wir das schon geregelt!

Was haben wir denn eigentlich genau mit Ihnen vor? Nun, da Sie dieses Buch zur Hand genommen haben, gehen wir einfach einmal davonaus, daß Sie sich Wissen zur Benutzung der SAS Software aneignen wollen. Unsere Zielsetzung ist es jetzt, Ihnen den Einstieg in dieses doch sehr mächtige und komplexe Werkzeug zu erleichtern. Dazu haben wir nicht den Weg gewählt, Ihnen die SAS Dokumentation Schritt für Schritt nachzuerzählen – dann wäre dieses Buch auch nicht so handlich. Wir wollen vielmehr die grundlegende Funktionalität und Struktur des SAS Systems durchleuchten und gleichzeitig mit möglichst einfachen Begriffen auch einem Neuling der Datenverarbeitung näher bringen.

Die DV-Profis, die dieses Buch in der Hand haben, sollten es jetzt auf keinen Fall zuschlagen. Denn selbst, wenn Sie geübter Programmierer sind, können Sie aus diesem Buch noch wertvolle Neuerungen durch unsere Tips & Tricks Sektionen lernen. Am Ende sollte sich auf jeden Fall sowohl der Neuling als auch der Profi ohne fremde Hilfe im SAS System zurechtfinden und ohne Schwierigkeiten künftige Neuerungen des SAS Systems verstehen.

Während der ganzen Zeit, in der wir gemeinsam lernen, wird uns übrigens unser Haus-Quälgeist Artur mit mehr oder minder intelligenten Kommentaren begleiten.

3. Zu SAS – wer, wann, wo, warum, was?

Dieser Abschnitt soll Ihnen, die Sie das SAS System bis dato vielleicht gerade mal dem Namen nach kannten, einen Überblick über das wer, wann, wo, warum und was dieser Software geben. Ziel ist es, daß Sie auch Komponenten des SAS Systems, die Sie selber nicht verwenden, trotzdem zumindest grob einschätzen können.

Nun, zunächst einmal ist SAS ein System, wie der volle Name „SAS System" schon sagt. Ein System ist nach gängiger Sprachregelung alles, was aus mehr als einem Teil besteht, sofern diese Teile miteinander in Wechselwirkung stehen: Computer-System, Betriebs-System, Platten-(Sub-)System, Öko-System, usw-usf-etc-pp...

Damit ist Eines schon mal sicher: SAS ist keine Programmiersprache und kein Statistikprogramm! – Nein, aber...

... SAS ist ein System bestehend aus einer Anzahl verschiedenartiger Programmiersprachen und (auch) Statistikprogrammen; genau gesagt, besteht das ganze System heute (am 25. April 1994) aus sieben Programmiersprachen und mehreren Hundertschaften fertiger Programme. – Tendenz: steigend! – Ursache: 800 Mitarbeiter in der Entwicklungsabteilung des Softwarehauses SAS Institute.

Bevor Sie sich also durch langjährig erfahrene Kollegen oder alte Handbücher (d.h. >1 Jahr alt) „einführen" lassen, sollten Sie die folgenden kurzen Abschnitte gelesen haben.

Womit wollen wir beginnen? – Zunächst mal am Anfang und zwar am Anfang der Entwicklung des „Statistical Analysis Systems" wie SAS damals zurecht hieß und wie es noch heute von „alten Hasen" übersetzt wird.

Ende der sechziger Jahre machte sich ein gewisser James H. Goodnight Gedanken darüber, wie man in einer IBM/370-Umgebung elegant mit großen Datenvolumen umgehen kann. Damals war das sein Promotionsprojekt; heute ist er Präsident von SAS Institute Inc. in Cary, North Carolina, dem Entwicklungs- und Vertriebsunternehmen für das SAS System.

In der Sprache PL/1 entstanden die beiden ersten Teile: Eine Anzahl parametrisierbarer Statistikprogramme und eine Programmiersprache, die sog. Data-Step-Language. Alles ohne Grafik-, Dialog-, oder Compiler-Komfort. – SAS lief im Batch (natürlich mit entsprechender JCL vorneweg). Einen Editor gab's auch nicht; den vermißte aber kaum jemand, denn noch waren unter MVS TSO-Sitzungen die Ausnahme und 80-Zeichen-Lochkarten die Regel.

So weit – so gut! Die Lochkarte, genauer: Ihre besonderen Eigenschaften haben bis heute ihre Bedeutung im SAS System behalten: Schon bald werden Sie nämlich Bekanntschaft mit dem sogenannten CARDS-Befehl machen. Jetzt aber erstmal weiter in diesem Text ... denn so fing alles an. Das SAS System ist heute um einiges größer als in den 60er Jahren, etwas stärker verbreitet und dementsprechend komplexer. Tauchen wir also ein in die Tiefen des SAS Systems.

Heidelberg,
November 1994

Inhalt

Hinweise zur Benutzung des Buches

Eigentlich halten wir es nicht für notwendig, eine Grundlageneinführung zur Handhabung eines Grundlagenbuches zu geben; die beabsichtigte sanfte Heranführung an das Thema SAS-Survival ist aber damit leichter zu erreichen.

Der Leser mit Forschergeist und Kombinationsgabe kann dieses Kapitel übergehen, da die folgenden inhaltlichen Kapitel weitgehend selbsterklärend gestaltet sind.

Arturs Sprüche können Sie übrigens ohne wesentlichen Informationsverlust ignorieren.

Da das Buch als Arbeitsgrundlage zum Selbststudium für Direkteinsteiger (mehr davon?) gedacht ist, folgt es in seinen sechs Kapiteln den logischen Schritten der Datenverarbeitung mit dem SAS System. Jedes Sprach- oder Funktionselement wird zunächst aus seinem Anwendungsbereich abgeleitet. Danach folgen eine Darstellung der allgemeinen Syntax und die unmittelbare Umsetzung in einem Beispiel.

Wo es dem Verständnis nutzt, werden Informationen zur internen Arbeitsweise des SAS Systems angeboten. Dies geschieht entweder in Form kurzer Absätze im normalen Text oder mittels besonderer Exkurse. Diese sind unverkennbar mit einem dicken senkrechten Balken gekennzeichnet.

Artur Plätzchen erscheint in verkleinerter Form an Stellen, die besondere Aufmerksamkeit verlangen. Davon gibt es drei Varianten:

Der Hüpfer will Ihnen sagen, daß hier etwas geübt werden sollte.

Der Zeiger weist Sie auf wichtige Informationen hin: Merken!

Der Schildbär soll Sie warnen: Aufpassen, Schleudergefahr!

SAS-Schlüsselworte sind im Text grundsätzlich in GROSSEN BUCH-STABEN gesetzt.

Die Beispiele im Text können Sie leicht an der **geänderten Schrift** erkennen.

Sämtliche Beispiele sind auch in maschinenlesbarer Form im Buch enthalten. Der Datenträger ist eine 3,5-Zoll Diskette mit 720 kB formatierter Kapazität und einem DOS-Filesystem. Damit kommt üblicherweise jedes am Markt befindliche Diskettenlaufwerk bzw. Betriebssystem zurecht.

1 Das SAS System im Überblick

Um Ihnen einen ersten Eindruck zu vermitteln, was im SAS System als Sprache bezeichnet wird, und damit Sie einen generellen Eindruck vom Funktionsumfang bekommen, schauen wir uns erst einmal die einzelnen Sprachbausteine in einem Überblick an. Nach diesem Abschnitt kennen Sie die wichtigsten sprachlichen Bestandteile des SAS Systems und deren Funktion.

1.1 Bausteine – Die PROCs

Sozusagen tragender Bestandteil des SAS Systems sind die darin enthaltenen Programme oder „PROCs" (Procedures) wie sie im System heißen. Ihre Anzahl geht tatsächlich in die hunderte und ihr Funktionsumfang repräsentiert die vollständigste Sammlung implementierter Algorithmen auf dem Software-(Super-)-Markt.

Nützliche Routinen zur Verdichtung von Daten mittels statistischer Kennwerte sind darin ebenso enthalten wie ganze Familien ökonometrischer und biometrischer Modelle oder Methoden der linearen Optimierung zur Lösung von Transportfluß- oder Projektmanagementproblemen.

Über standardisierte Ein- und Ausgabedateien können sich die PROCs einander Daten zuschieben. Beispielsweise landet die Ausgabe von PROC TRANSPOSE in PROC MEANS, diese in PROC FORECAST und diese schließlich in PROC TABULATE oder PROC CHART...

Zuviel SAS-Chinesisch? – O.K., hier ist die Übersetzung: Zeilen und Spalten werden vertauscht (transponiert), als Mittelwerte verdichtet (engl. Means), dann als Zeitreihe modelliert (Forecast) und schließlich als Graphik (Chart = Balkengraphik) oder Tabelle (...) präsentiert.

Dieser Durchmarsch mag Ihnen etwas zu flott vonstatten gegangen sein, aber sicher ahnen Sie schon, welches Konzept hinter all dem steckt: Die PROCs sind ihrem Wesen nach nichts anderes als Funktionen auf Basis von Datenbeständen.

1.2 Programmieren – Der DATA STEP

Selbstverständlich paßt die Ausgabe einer SAS-Prozedur inhaltlich nicht immer exakt auf die Funktionen der nächsten. Gelegentlich müssen Beobachtungen (=Datensätze) selektiert oder Variablen (=Felder) transformiert oder aus den vorhandenen neu berechnet werden. In diesen Fällen ist ein mehr oder minder kurzes Programm notwendig, um die passgenaue Datenübergabe zu gewährleisten: Zu diesem Zweck enthält das SAS System die DATA STEP Language.

Ursprünglich zum Einlesen von Rohdaten und entsprechendes Dateihandling entwickelt, ist die DATA STEP Language heute eine vollständige Programmiersprache, die verschiedenste Programmierstile erlaubt. Konstrukte wie DO WHILE und IF-THEN-ELSE sind ebenso enthalten wie GOTO und RETURN; Umsteiger von COBOL, PASCAL oder PL/1 finden sich daher genau so schnell zurecht wie alte FORTRAN-Hacker. Auch die Funktionenbibliothek kann sich durchaus neben denen „höherer" Programmiersprachen wie FORTRAN-77 sehen lassen; dazu aber später mehr...

Nach wie vor die wichtigste Schnittstelle in einer Anwendung ist natürlich diejenige zwischen externen Datenbeständen (sequentielle Dateien oder Flat-Files) auf Betriebssystemebene und den nachfolgende Schritten (DATA und PROC STEPs) im SAS System geblieben. Einen Einblick in die Leistungsfähigkeit des INPUT-Statements und seiner Verbündeten innerhalb des DATA STEPs erhalten Sie gleich im ersten Kapitel dieses Buchs; soviel aber schon jetzt:

Wann immer Sie einen Algorithmus zur Beschreibung ihrer Datenbestände formulieren können, kann dieser mit einem DATA STEP eingelesen werden. – Klasse, Wah?

1.3 Automatisierung – MACRO

DATA und PROC STEPs wie oben beschrieben sind fest verdrahtete Programme, d.h. Variablen- und Dateinamen aber auch alle anderen Programmteile sind konstant. Für eine Änderung, beispielsweise der benutzten Dateien und der daraus angezogenen Variablen muß der Programmtext editiert werden.

Mit der MACRO-Sprache wird dieser Prozeß des Editierens automatisiert. Die MACRO-Sprache ist eine reine Zeichenkettenmanipulationssprache (was für ein Wort). Ihre Argumente sind SAS-Sprachsegmente und daher grundsätzlich alphanumerisch. Sie erlaubt „symbolische Referenzen" im Programmtext (um's einfacher auszudrücken: Platzhalter) die über sogenannte Makrovariablen bedient werden. Diese Arbeit erledigt ein „Pre-processor" (Pre-processor=Prä-Prozessor=eine Instanz, die vorbereitende Arbeiten ausführt) noch bevor das Programm selbst abgearbeitet wird.

1.4 Lineare Algebra – IML

Wie Sie bereits gesehen haben, arbeitet SAS intern mit rechteckigen Datenstrukturen (ganz einfach: Tabellen), die dem Mathematiker auch als Matrizen geläufig sind. Was liegt darum näher, als Funktionen aus der linearen Algebra in Gestalt einer weiteren Programmiersprache verfügbar zu machen?

In Matrizennotation ist ein Algorithmus wesentlich schneller und fehlersicherer geschrieben, programmiert und getestet als in jeder

„normalen" Sprache. Vor allem Physiker und Biostatistiker sind mit der „Interactive Matrix Language" deshalb sehr zufrieden.

Die (in der Wissenschaft) bekannte Least-Squares-Lösung einer linearen Regressionsgleichung der Form y=X*b schreibt sich in IML-Notation folgendermaßen: „b=INV(X´*X)*X´*y". Dabei ist „X" eine mxn-Matrix mit m>n, „y" ist ein Vektor der Ordnung m, und „b" ist der Vektor der Gewichte (Ihre Lösung) und hat die Ordnung n. Alles klar ?

1.5 Benutzerinterfaces – SCL

Für einen EDV-Neuling ist jede noch so komfortable Programmiersprache eine Hemmnis seiner Arbeitseffizienz, wenn er damit seine Anwendungen selbst schreiben soll. Die Screen Control Language (kurz: SCL) nimmt die Last des Programmierens von den Schultern des SAS-Anwenders.

Erfahrenen und entsprechend ausgebildeten SAS-Anwendern erlaubt diese Sprache, das Verhalten von Bildschirmmasken (Screens) zu steuern (Control). SAS-Masken können Datenfelder (SAS/FSP) oder Menüpunkte (SAS/AF) enthalten.

Mit der SCL wird festgelegt, was passiert, wenn ein Wert mit bestimmten Eigenschaften in ein Datenfeld eingetragen oder wenn beispielsweise. die Entertaste an einer bestimmten Position gedrückt wird.

Damit lassen sich ohne weitergehende Expertise des Anwenders so gut wie alle Funktionen des SAS Systems zur Verfügung stellen. Es werden „wasserdichte" Menüs möglich, die ebenso leicht pflegbar sind wie andere SAS-Anwendungen, die nicht hinter einer Maske „stecken".

1.6 Datenabfragen – SQL

Vollkommen unabhängig vom SAS-Kontext ist die „Structured Query Language", eine Sprache, mit der Datenstrukturen abgefragt, selektiert oder als Tabelle präsentiert werden können. Ursprünglich ein IBM-Produkt, ist SQL heute die verbindliche Retrieval-Sprache für nahezu alle relationalen Datenbanksysteme.

Zur Illustration ein kleines Beispiel: Mit der Anweisung „CREATE TABLE neu AS SELECT x,y,z FROM alt WHERE x LT 7" werden aus allen Sätzen der Datei „alt" die Felder „x", „y" und „z" in die Datei „neu" übernommen deren x-Werte kleiner als 7 sind. Nicht nur für den englischsprachigen Nutzer ist diese Sprache ein schnell erlernbares Werkzeug für die Datenverwaltung.

Dem SAS-Einsteiger, der bereits über Erfahrung mit relationalen Datenbanksystemen verfügt, sei hier schon soviel gesagt: Das SAS System enthält eine eigene Implementierung von ANSI-SQL zur Abfrage und Bearbeitung von Datenbeständen; die Funktionalität deckt den entsprechenden Teil der weiter oben beschriebenen „DATA STEP Language" ab und kann deshalb alternativ zu dieser eingesetzt werden.

Wo die direkten Zugriffsmöglichkeiten (SAS/ACCESS) auf externe SQL-fähige Datenbanken genutzt werden, kann alternativ auch der dort implementierte SQL-Dialekt benutzt und direkt (Pass-Through) dem externen System zur Abarbeitung übergeben werden.

1.7 Berichtslayout – REPORT

Eine stark verbreitete Familie von SAS-Anwendungen sind die sogenannten Berichtsgeneratoren. Ganz allgemein sind dies Anwendungen zur Wiedergabe von Datenbeständen in Form von Listen, Tabellen oder anderen Belegen. Auch hierfür stellt das SAS System dem Benutzer eine Reihe fertiger parametrisierbarer Programme zur Verfügung; das Kapitel „Darstellen der Daten" präsentiert die wichtigsten von ihnen.

Eine dieser Prozeduren ist PROC REPORT. Zu ihren Besonderheiten gehört eine Programmiersprache, die auf das Generieren und Verwalten von Berichtslayouts spezialisiert ist. Die Sprachelemente von PROC REPORT unterstützen die datengetriebene Definition von Zeilenaufbau und -umbruch. Metabase- (oder Data Dictionary-) Funktionen erlauben die Deklaration von Variablen wie z.B. „ACROSS", „GROUP" oder „ANALYSIS". Mit „BEFORE" und „AFTER" lassen sich DATA STEP-Segmente zur Abarbeitung vor bzw. nach dem Seitenumbruch einfügen.

Fast überflüssig zu erwähnen, daß sämtliche Funktionen der „DATA STEP-Language" auch innerhalb von PROC REPORT zur Verfügung stehen. Damit läßt sich über die Verdichtung von Daten hinaus jede beliebige beispielsweise mathematische Funktion zur Gestaltung der Berichte heranziehen.

1.8 Netzwerkbetrieb – SCRIPT

Als Bestandteil von SAS/CONNECT kommt, unsichtbar im Vordergrund aber unverzichtbar in Client-Server-Anwendungen, die SCRIPT-Sprache zum Einsatz. Ihre Syntax richtet sich ausnahmsweise nicht an Benutzer oder Datenbestände, sondern an andere Rechner; genau genommen dient sie der Kommunikation mit den diversen Netzwerkschnittstellen des Rechnersystems auf dem eine SAS-Anwendung abläuft.

Mit einem SIGNON-Befehl wird zunächst die entsprechende Kommunikationsschnittstelle und ein passendes „SCRIPT-File" referenziert. Ein SCRIPT-File enthält Programmcode der, stark vereinfacht, den Login-Vorgang eines Benutzers nachbildet. Jede SAS-Anwendung kann sich so ohne einen einzigen Sprung auf die Betriebssystemebene an anderen Rechnern einloggen, und sich von dort mit Programmen und Daten versorgen.

Die Möglichkeiten der SCRIPT-Sprache gehen theoretisch über die sogenannte Peer-to-Peer-Kommunikation von SAS-Anwendungen auf verschiedenen Rechnern hinaus:

Durch Syntaxelemente wie „WAITFOR" und „WRITE", sowie die Unterstützung von Sprungmarken für „GOTO"-Konstruktionen, kann die SCRIPT-Sprache über ein Rechner-LOGIN hinaus zur Kommunikation mit intelligenten Peripheriegeräten eingesetzt werden. Besonders interessant ist diese Variante für die Steuerung von Messgeräten zur automatischen Datenerfassung.

Nun haben Sie einen Eindruck der einzelnen, vielschichtig einsetzbaren Sprachkomponenten des SAS Systems. Der gegebene Überblick sollte Ihnen auf jeden Fall eines verdeutlichen: Das SAS System ist kein „Spielzeug". Die Komplexität dieses Werkzeugkastens ermöglicht es Ihnen, Aufgabenstellungen in jedem Bereich der dispositiven Datenverarbeitung zu lösen.

Merken Sie sich also: Die Modularität und Sprachvielfalt des SAS Systems mag Anfangs sicherlich erschreckend wirken. Sie ist jedoch auf jeden Fall sauber strukturiert und – richtig angewendet – zu DV-technischen Meisterleistungen und somit enormer Arbeitserleichterung nutzbar.

Beginnen wir, einige der aufgeführten „Bausteine" für die Bereiche Dateneingabe und -management, Datenanalyse und Präsentation genauer zu erläutern.

2 Die Oberfläche des SAS Systems

Der erste Aufruf des SAS Systems steht bevor, der Eintritt in Ihre neue Arbeitsumgebung ist nahe. Das Motto „Keine Panik" haben wir Ihnen ja schon am Anfang des Buches nahegelegt, und: Bleiben Sie dran!

Wir werden Sie nun mit der Oberfläche des SAS Systems – also der „Schnittstelle" zwischen Ihnen und dem SAS System – beschäftigen. Sie lernen in diesem Kapitel den Aufbau und die grundlegenden Funktionalität dieser Oberfläche kennen – und früher oder später auch lieben.

Nun, wie Sie das SAS System aufrufen, differiert zwischen den einzelnen Betriebssystemen. Herauskommen wird auf jeden Fall als erstes einmal die Grundoberfläche des SAS Systems, der sogenannte „Display Manager". Wenden Sie sich an Ihren Systemadministrator, wenn Sie nicht wissen, wie Sie das SAS System aufzurufen haben.

Bevor wir uns allerdings dem Outfit und der Bedienung des selbigen zuwenden, noch eine kurze Anmerkung: Jedes Betriebssystem verfügt über seine eigenen Möglichkeiten der Bildschirmdarstellung, die mehr oder weniger komfortabel ausgeprägt ist. Die DOS-Shell WINDOWS stellt zum Beispiel viele grundlegende Möglichkeiten zur „Fensterverarbeitung" (Windowing) zur Verfügung, die das SAS System benutzt. Auch besteht auf PC's, auf denen WINDOWS läuft, individuell die Möglichkeit, Grafikkarten einzusetzen, die einer mehr oder minder gute Auflösung der grafischen Oberfläche bieten. Diese Möglichkeiten gibt es z.B. in der Großrechnerwelt nicht, so das die Entwickler des SAS System sämtliche Fensterfunktionalitäten dort selber entwickeln mußten, und dies mit einer weitaus weniger leistungsfähigen Hardware. Deshalb treten zwischen den Plattformen leichte Handhabungs- und Designunterschiede auf, z.B.: Auf dem PC kann, um ein Fenster zu vergrößern, die Maus zu Hilfe genommen und das gewüschte Fenster interaktiv „gezogen" werden. Auf den Großrechnerbetriebssystemen muß der Fensterrand mit einem Tastendruck markiert werden, dann die Zielposition mit einem weiteren Tastendruck. Diese Unterschiede können hier natürlich nicht detailliert beschrieben werden. Doch noch einmal: Keine Panik. Auf alle wesentlichen Unterschiede werden wir Sie natürlich hinweisen. Und jetzt: Hinein ins Vergnügen.

2.1 Der Display-Manager

Sie haben das SAS System also aufgerufen. Was Sie jetzt vor sich sehen, ist die Grundoberfläche des SAS Systems. Diese nennt sich „Display Manager" und sieht ungefähr (wie bereits angemerkt: Betriebssystemspezifisch leicht unterschiedlich, aber grundsätzlich) so aus:

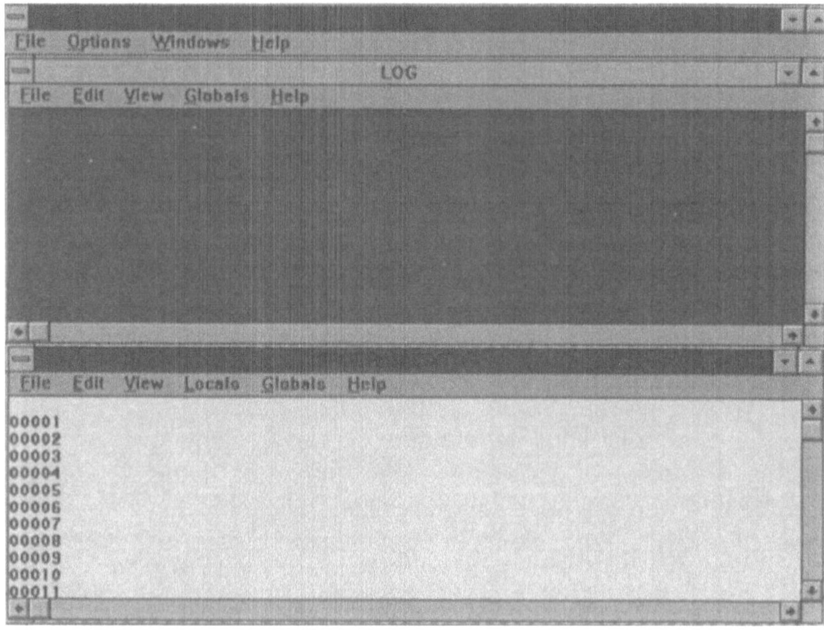

Screen-Shot des SAS Systems unter MS-Windows 3.1.

Wenn Sie noch keine Pull-down-Menus sehen, geben Sie bitte in der Kommando-Zeile den Befehl „PMENU" ein und bestätigen Sie mit DATENFREIGABE. Falls Sie das SAS System das erste Mal mit Windows, OS/2 oder Windows NT einsetzen, rufen Sie bitte aus dem obersten Pull-down-Menu unter dem Punkt „OPTIONS" die Funktion „Preferences" auf. In dem erscheinenden Dialog können Sie die Auswahl „Pull-down-Menu" (Voreinstellung: Pop-up-Menu) treffen und mit SAVE die Einstellung aktivieren. Danach sollten die Pull-down-Menus aktiviert werden. Nun zur Oberfläche. In der oberen Hälfte des Bildschirms sehen sie ein Fenster mit der Überschrift LOG. Dies ist das

„Protokoll"-Fenster Ihrer SAS Sitzung. Alle Programme, die Sie abschicken, und alle SAS Meldungen zur Ausführung dieser Programme erscheinen im LOG-Fenster. In der unteren Hälfte des Bildschirmes sehen Sie den PROGRAM EDITOR. Im PROGRAM EDITOR schreiben Sie Ihre SAS Programme. Der PROGRAM EDITOR ist ein ziemlich einfacher Editor, den Sie auch zum Editieren anderer Dateien verwenden können. Probieren wir Ihn doch gleich einmal aus und schreiben ein kleines SAS Programm. Gehen Sie dazu mit dem Cursor in die erste Zeile des PROGRAM EDITORS. Tippen Sie jetzt folgendes Programm ein:

```
PROC CONTENTS DATA=WORK._ALL_;
```

in der Zeile zwei geben Sie dann ein:

```
RUN;
```

Fertig eingegeben sieht das ganze dann so aus:

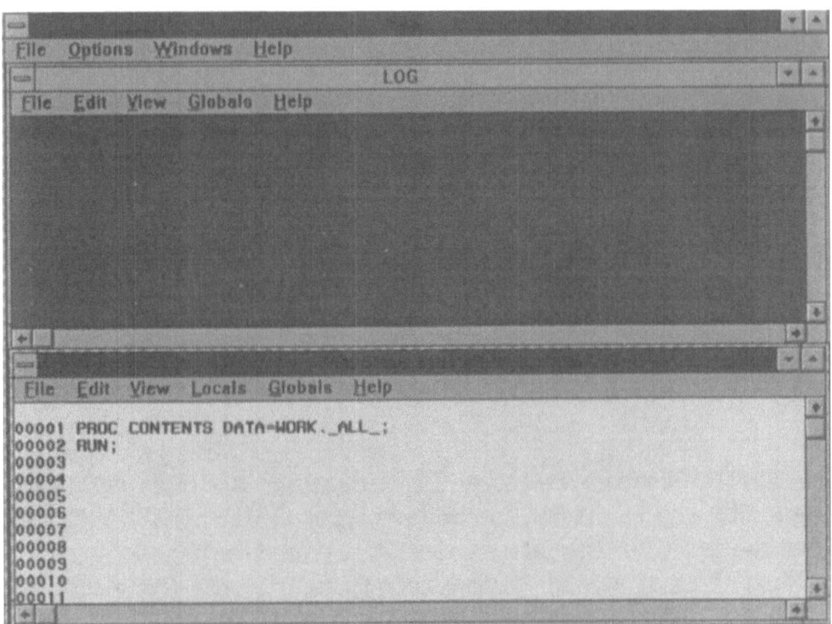

Dieses Programm schicken Sie ab, indem Sie aus dem Pull-down-Menu LOCALS den Befehl SUBMIT wählen (Lokal -> Abschicken).

Merken Sie sich hier bitte generell: Wenn wir von SAS-Programmen sprechen, werden diese im PROGRAM EDITOR eingegeben und mit dem SUBMIT-Befehl, der entweder aus einem Pull-down-Menu heraus aufgerufen oder in der Kommandozeile eingegeben wird, ausgeführt.

Wenn Sie also dieses SAS Programm ausgeführt haben, taucht das dritte Display Manager-Fenster automatisch auf: Das OUTPUT Fenster. Wie der Name schon sagt, wird hier die von den SAS Programmen generierte Ausgabe angezeigt, solange der Benutzer nichts anderes angibt. Dieses kleine SAS Programm hat uns jetzt den Inhalt unseres Arbeitsbereiches angezeigt, und wenn Sie noch nichts anderes getan haben, ist dieser noch leer.

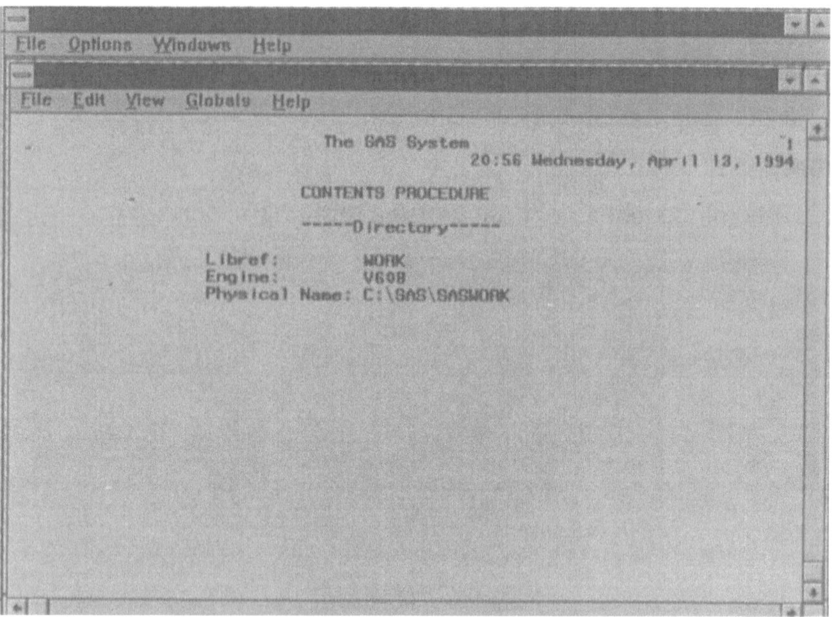

Das OUTPUT-Fenster verlassen Sie, indem Sie aus dem Pull-down-Menu FILE den Punkt END auswählen (bzw. DATEI->ENDE, wenn Sie über die deutsche Übersetzung des SAS Systems verfügen).

Auch hier ist wieder generell etwas zu merken: Immer im Pull-down-Menu ganz links, ganz unten ist der ENDE Befehl untergebracht (manchmal heißt er nur nicht ENDE, es gibt auch Variationen wie EXIT, QUIT o.ä.). Wenn Sie im PROGRAM EDITOR oder im LOG-Fenster den Befehl im Pull-down-Menu ganz links, ganz unten ausführen, wird die SAS Sitzung (nach nochmaligem Nachfragen) beendet.

Wenn Sie nun das OUTPUT Fenster geschlossen haben, befinden Sie sich wieder in der Grundansicht mit dem PROGRAM EDITOR und dem LOG Fenster. Wenn Sie sich jetzt das LOG Fenster ansehen, finden Sie dort Ihr abgeschicktes Programm und einige Systemmeldungen zur

Ausführung. Wenn Sie sich vertippt haben, erscheint das OUTPUT Fenster nicht, und im LOG Fenster erscheinen rote Fehlermeldungen. In diesem Fall können Sie sich Ihr soeben abgeschicktes Programm über das Pull-down-Menu LOCALS mit der Auswahl RECALL zurück in den PROGRAM EDITOR holen (deutsch: Lokal->Zurückholen), den Fehler beheben und das Programm erneut abschicken.

2.2 Pull-down-Menus

Wenn wir schon beim Thema sind, können wir uns die Pull-down-Menus im Display Manager etwas näher ansehen. Das FILE-(DATEI)-Pull-down-Menu dient zum Dateimanagement, also dem Öffnen und Speichern von Dateien sowie dem Ausdrucken. Auch das Beenden (wie wir bereits gelernt haben) verbirgt sich hier. Das zweite Pull-down-Menu, EDIT (EDITOR) bezieht sich auf Fenster- bzw. Editor-Befehle wie z.B. das Einschalten von Zeilennummern, das Löschen des Fensterinhaltes, die Möglichkeit eines UNDO (Rückgängig), etc. Als Beispiel können Sie ja einmal die Zeilennummerierung im PROGRAM EDITOR einschalten. Wählen Sie dazu im PROGRAM EDITOR das Pull-down-Menu EDIT->OPTIONS->NUMBERS (EDITOR-> OPTIONEN-> ZEILEN-NUMMERN).

Als nächtes hätten wir das Pull-down-Menu VIEW (SICHT), aus dem die Fensterfarben bestimmt werden können. Das vierte Pull-down-Menu LOCALS (LOKAL) gibt es in dem Display Manager Basis-Fenster nur im PROGRAM EDITOR und hat die zwei Aufgaben, SAS Code abzuschicken bzw. zurückzuholen und mit anderen Betriebssystemen die Kommunikation aufzubauen, worum wir uns in diesem Buch nicht kümmern werden. Danach dann das Pull-down-Menu GLOBALS (GLOBAL), das die meisten Aufgaben ausführt. Hier können Sie zwischen den einzelnen Display Manager-Fenstern wechseln (PROGRAM EDITOR, LOG, OUTPUT), Datenmanagement-Funktionen aufrufen, Anwendungen starten, Desktop-Funktionen aufrufen (Taschenrechner, Notizblock, etc.), die Kommandozeile ein- und ausschalten bzw. ein Kommando-Fenster aufrufen sowie globale SAS System-Optionen setzen.

Als letztes das HELP-(HILFE)-Pull-down-Menu, aus dem sie zusätzlich zur SAS System-Hilfe auch die Funktionstastenbelegung abfragen können. Prinzipiell sind diese Pull-down-Menus überall gleich aufgebaut, jedoch machen einige Funktionen in einem Fenster Sinn, in einem anderen wiederum nicht. Diese Funktionen sind dann im jeweiligen Pull-down-Menu grau dargestellt und nicht auswählbar, bzw. sie sind gar nicht erst aufgeführt.

Eine Anmerkung noch: Bis jetzt haben wir die englischen und deutschen Pull-down-Menu-Namen zur Klarheit parallel verwendet. In den folgenden Abschnitten werden wir nur noch die englischen Bezeichnungen verwenden, da nicht das ganze SAS System über deutsche Pull-down-Menus verfügt bzw. bis zur Verfügbarkeit der deutschen Version des SAS Systems speziell bei Release- oder Versionswechseln einige Zeit ins Land gehen kann.

2.3 Der PROGRAM EDITOR

Dies soll nur eine kurze Einführung in den Umgang mit dem PROGRAM EDITOR sein. Wenn Sie diese Art von Editoren kennen, können Sie gleich in der nächsten Sektion weiterlesen. Ansonsten: Aufgepasst.

Wenn Sie Texte in den PROGRAM EDITOR eingeben, stehen Ihnen in Form von Zeilenkommandos einige Hilfsmittel zur Verfügung. Schalten Sie dazu, wie im vorigen Kapitel beschrieben, die Zeilennumerierung im PROGRAM EDITOR ein (der Befehl lautet NUMS, Sie finden Ihn im Pull-down-Menu EDIT->OPTIONS). Jetzt können Sie hinter den Zeilennummern Ihren Text eingeben, z.B.

```
00001      Das SAS System
00002      Der PROGRAM EDITOR
00003      Dies ist ein TEST
00004      Mein erster!
```

Nun zu den Zeilenkommandos. Sie können jetzt eine Zeile kopieren, indem Sie ein „C" über die Zeilennummer schreiben und DATEN-FREIGABE drücken. Jetzt müssen Sie noch angeben, wohin Sie die Zeile kopieren möchten. Wenn Sie z.B. die Zeile „Dies ist ein Test" vor die Zeile „Das SAS System" kopieren möchten, geben Sie in der Zeilennummer 00003 ein „C" wie „Copy" und in der Zeile 00001 ein „B" wie „Before" ein. Als Alternative zum „B" gibt es auch das „A" wie „After", d.h. Sie würden in diesem Fall die Zeile 00003 hinter die Zeile 00001 kopieren. Zusätzlich kann das Kommando „C" auch als Blockkommando verwendet werden, d.h. Sie können mehrere Zeilen auf einmal kopieren. Wenn z.B. die Zeilen 00002 und 00003 vor die Zeile 00001 kopiert werden sollen, geben Sie in der Zeile 00002 und in der Zeile 00003 über die Zeilennummer ein „CC" und in der Zeile 00001 ein „B" ein.

In dieser oder ähnlicher Form werden alle Zeilenkommandos eingesetzt. Es gibt folgende wichtige Kommandos:

Kommando	Auswirkung	A- bzw. B ?
C	Kopiert eine Zeile	Ja
CC	Block kopieren	Ja
M	Zeile verschieben	Ja
MM	Block verschieben	Ja
R	Zeile duplizieren	Nein
RR	Block duplizieren	Nein
JC	Text zentrieren	Nein
JL	Text nach links verschieben	Nein
JR	Text nach rechts verschieben	Nein

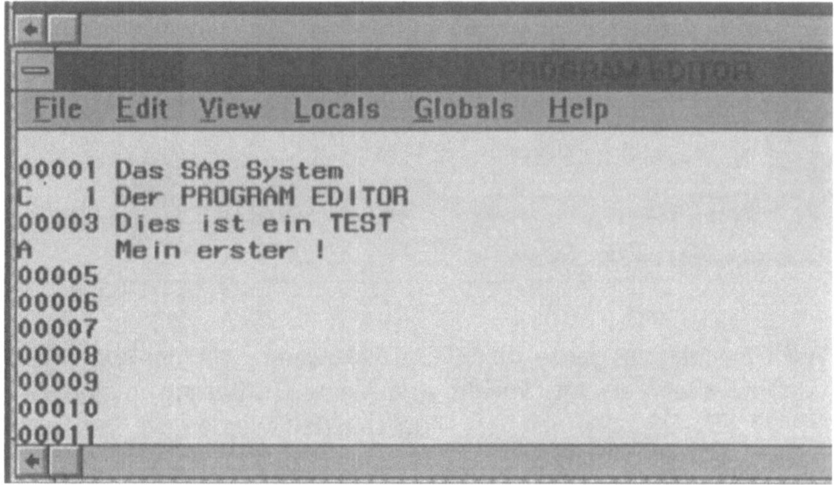

SAS Program Editor mit eingegebenen Zeilenkommandos.

Dies sind nur die wichtigsten Zeilenkommandos. Es gibt noch einige andere mehr, deren Beschreibung Sie in der SAS Dokumentation finden.

Ein weiteres wichtiges Feature im PROGRAM EDITOR ist die Möglichkeit, Textteile zu suchen und zu ersetzen. Um in unserem Beispieltext das Wort „Mein" (Zeile 00004) durch „Unser" zu ersetzen, wählen Sie aus dem Pull-down-Menu EDIT die Option REPLACE. Geben Sie bei „Find what" den Text „Mein" ein und bei „Replace with" den Begriff, mit dem wir „Mein" erstetzen wollen, nämlich „Unser" ein. Sie können zusätzliche Optionen angeben, eine der wichtigsten ist im unteren Bereich des Fensters „Match Case". Das bedeutet, daß unser angegebener Begriff und der zu suchende Begriff exakt (also auch bei der Verwendung von Groß- und Kleinschreibung) übereinstimmen muß.

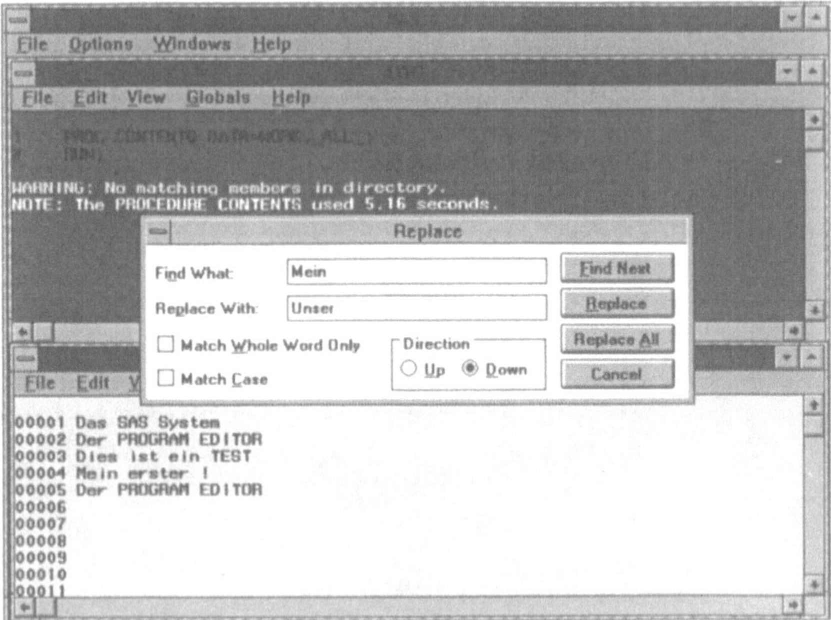

Replace-Fenster im SAS System.

Wenn Sie jetzt das ganze mit REPLACE aktivieren, wird der Text „Mein" durch „Unser" ersetzt. Soweit eine kleine Einführung in den PROGRAM EDITOR, alle weiteren Möglichkeiten werden wir bei Bedarf noch detailliert behandeln.

2.4 Tips & Tricks

Bevor wir in die tatsächliche Arbeit einsteigen, ein paar Tips&Tricks zum Display Manager. Wichtig ist, daß Sie sich in Ihrer Arbeitsumgebung wohl fühlen. Darum stellen Sie sich den Display Manager so ein, wie Sie ihn am besten und am angenehmsten finden. Die Hintergrundfarben finden Sie im Pull-down-Menu VIEW.

Stellen Sie die für Sie angenehmsten Farben ein. Auch die Fenstergrößen können Sie verändern und eine neue Fensteraufteilung schaffen. Im PROGRAM EDITOR sollten die Zeilennummern immer eingeschaltet sein. Wenn Sie Ihre Einstellungen soweit abgeschlossen haben, holen Sie sich über das Pull-down-Menu GLOBALS unter dem Punkt COMMAND eine Kommando-Fenster (COMMAND) und geben den Befehl WSAVE ALL ein. Dann wird die vorgenomme Einstellung in

Ihrem Benutzerprofil gespeichert und ist beim nächsten Aufruf des SAS Systems wieder vollständig vorhanden.

Nun kennen Sie die grundlegenden Funktionen der SAS Oberfläche, dem „Display Manager". Überdies kennen Sie auch den (sehr wichtigen) Unterschied zwischen SAS Programmen, die aus dem PROGRAM EDITOR abgeschickt werden und SAS Programm-Befehlen und Kommandos, die aus der Kommandozeile des jeweiligen Fensters „abgesetzt" (also eingegeben und bestätigt) werden.

Dieses Wissen ist essentiell, Sie werden es im gesamten Handbuch brauchen. Beschäftigen Sie sich deshalb auch bei Ihren Übungen, für die es jetzt Zeit ist, besonders intensiv mit dem Abschicken von SAS Programmen, der Bedienung des PROGRAM EDITORS und der begrifflichen Trennung zwischen SAS Kommando und SAS Programm-Befehl.

3 Daten – Quo vadis

Versuchen wir einmal, einen völlig neutralen Standpunkt – bar jeglicher DV – einzunehmen. Grob gesehen dreht es sich nämlich immer um dasselbe: Buchstaben, Zahlen, Sonderzeichen in allen Kombinationen. Schlicht gesagt also Daten. Das erste Ziel muß folglich sein, dem SAS System Daten zur Verfügung zu stellen. Und dies ist das Lernziel dieses Kapitels.

Sie sollen im folgenden lernen, wie Ihre Daten in das SAS System hinein gelangen, wie Sie dort abgelegt und verwaltet werden. Keine einfache Aufgabe, aber: Keine Panik – wir kriegen das schon hin.

Es ist verständlicherweise nicht ganz einfach, Beispiele zu finden, die allen unseren Lesern gerecht werden. Bekannterweise ist das SAS System ja eine Software, die mit allen Daten etwas anfangen kann. Also – welche Daten könnten allen Benutzern geläufig sein? – Hmmmm..... Idee !!! – Wie wäre es mit einfachen Namens- und Adressendaten Ihrer Freunde, Bekannten oder Geschäftspartner? Genehmigt? – O.K.! Beginnen wir also, SAS zum Leben zu erwecken.

Fragestellung: Wie bekommt man die Daten der Freunde (etc.) in das SAS System hinein?

Nun, wie Sie noch sehen werden gibt es im SAS System für eine Problemstellung immer mehrere Lösungswege, also gehen wir die gebräuchlichsten Möglichlichkeiten getreu der Gliederung der Reihe nach durch. Der einfachste und schnellste Weg, dem SAS System Daten zugänglich zu machen (speziell kleine Datenmengen) ist die direkte Eingabe in eine SAS Datei.

HALT!!! STOP!!! – Ein unbekannter Begriff: SAS Datei! – Was ist das???

3.1 Datenspeicherung im SAS System

Eine SAS Datei ist eine vom SAS System angelegte und verwaltete Datei von besonderem Aufbau. Am einfachsten stellt man sich eine SAS Datei als einen Kochtopf mit dazugehörigem Deckel vor. Der Korpus dieses Topfes repräsentiert die Datenwerte, der Deckel entspricht einer von SAS verwalteten Datei- und Datenbeschreibung; beide werden sinnvollerweise zusammen abgelegt. Verwenden wir dieses Beispiel weiter, erhebt sich die Frage, wo dieser Topf untergebracht wird und wie dieser Topf genau aufgebaut ist bzw. welche speziellen Eigenschaften er hat. Der Reihe nach: Wo bringt man einen Topf gängigerweise unter? In einem Schrank (...wo auch sonst !?)! Ähnlich kann man sich das Verfahren im SAS System vorstellen; SAS legt seine einzelnen Dateien in SAS Data Libraries („Datei-Bibliotheken") ab, die sich durchaus mit Schränken vergleichen lassen.

Nun, wenn wir bei unserem Beispiel bleiben, dann drängt sich jetzt schon eine logische Konsequenz auf. Sie bringen in einem Schrank mehr als einen Topf unter, also: In einer SAS Data Library lassen sich mehrere SAS Dateien unterbringen.

Um den Gedanken zu vervollständigen: Es ist logisch, daß Sie in einem Schrank nicht nur Töpfe unterbringen, sondern auch andere Gegenstände. Das trifft genauso auf SAS Data Libraries zu, jedoch hierzu später mehr.

Betrachten wir erst einmal die Library und die SAS Datei etwas mehr im Detail.

3.1.1 SAS Data Libraries

Wir haben jetzt eine wichtige Voraussetzung kennengelernt: Um SAS Dateien (die wir noch gar nicht kennen) zu speichern, brauchen wir erst einmal eine SAS Data Library. Was dies theoretisch ist, wissen Sie inzwischen. Kommen wir zum physischen Teil und dem ersten großen Knackpunkt, denn die physikalische Form der SAS Data Library hängt vom Betriebssystem ab, unter dem Sie mit dem SAS System arbeiten.

Um eine möglichst kurze Form der Darstellung zu bieten, führen wir an diesem Punkt eine kleine tabellarische Gruppierung ein. Diese nun folgende Aufteilung gruppiert von der Dateistruktur her grundsätzlich ähnliche Betriebssysteme:

Betriebssystem/ Gruppe	Physikalische Form	Beispiel
MVS	PS-Datei, RECFM=FS	USER.SAS.DATEN
CMS	Sequentielle Datei	Minidisk A
VMS	Unterverzeichnis	[]XXX]:\SAS
UNIX-Dialekte	Unterverzeichnis	/usr/lib/sas
PC-Betriebssysteme	Unterverzeichnis	C:\SASUSER

Anmerkung: Aufteilung und Reihenfolge sowie die Beispiele in dieser Tabelle sind willkürlich gewählt, und die Zusammenstellung einzelner Betriebssysteme erfolgt nach funktionalen Parallelen, wie z.B. bei UNIX.

Sie brauchen jetzt keine Angst zu haben, daß Sie gleich eine SAS Data Library in der o.a. Form anlegen müssen, weil Ihnen das SAS System per Voreinstellung zwei Data Libraries automatisch bei jedem Aufruf zur Verfügung stellt.

Diese beiden Bibliotheken haben folgende logischen Namen und Funktionen:

Logischer Name: SASUSER
    Funktion: Permanenter Benutzerbereich, d.h. die Daten, die Sie in diese Bibliothek stellen, werden Ihnen in jeder SAS Sitzung zur Verfügung gestellt

Logischer Name: WORK
    Funktion: Temporärer Bereich, d.h. der Inhalt dieser Library wird beim Verlassen des SAS Systems gelöscht

Diese beiden Bereiche haben Sie also, d. h. sie werden automatisch von SAS „allokiert". Allokieren ist ein Ausdruck, der ursprünglich aus der

Großrecherwelt stammt und bedeutet, daß Ihnen eine Datei oder ein physischer Speicherbereich auf Ihrem Rechner unter einem logischen (oder „Alias-") Namen zur Verfügung gestellt wird. Dieser logische Name wird im SAS System auch „LIBNAME" genannt.

Logische Namen bieten dem Anwender große Vorteile. Stellen Sie sich vor, Sie wollen regelmäßig Briefe an Ihren Freund Günther Plätzchen schreiben. Sie müssen also jedes mal, wenn Sie einen Brief versenden wollen, Ihrer Sekretärin die komplette Adresse angeben, z.B.:

An
Artur Plätzchen
c/o Willi Waschbärs wilde Wohngemeinschaft
Fürst-Karl-Friedrich-von-und-zu-Holstein-Straße 237
(Hinterhof)
D-54321 Waldeberhausen-Sauing
Deutschland

Also ziemlich viel Arbeit. Wäre es nicht einfacher, mit Ihrer Sekretärin eine Vereinbarung zu treffen? Zum Beispiel könnten Sie ja ein Schlüsselwort vereinbaren, daß Sie auf den Umschlag schreiben, also z.B. „Artur", und Ihre Sekretärin setzt dann die komplette Adresse ein. Wenn sich dann die Adresse ändert, schreiben Sie weiterhin „Artur" auf den Umschlag, Ihrer Sekretärin geben Sie nur einmalig die Information, daß eine andere Adresse für „Artur" eingesetzt werden soll. Praktisch, nicht wahr ?

Ähnlich verhält es sich mit den „Libnamen", die einen von Ihnen vergebenen logischen Namen darstellen, um eine Verbindung zu einer SAS Data Library herzustellen. Wenn sich irgendwann einmal der physikalische Name (also die „Adresse") Ihrer Data-Library verändert, müssen Sie nicht jedes Ihrer Programme ändern, das Daten aus dieser Bibliothek verwendet (Sie erinnern sich ? – Der 2-stufige SAS Datei Name, dessen erster Teil des Namens den logischen Namen für Ihre Dateibibliothek angibt?!), sondern nur noch einmalig den logischen Namen einer anderen physikalischen Datei zuweisen.

Um nun bestehende SAS Data Libraries zu „allokieren" oder neue SAS Data Libraries anzulegen (z.B. um Ihre Daten strukturierter abzulegen) und im gleichen Schritt den logischen Namen zu vergeben, steht Ihnen im SAS System der LIBNAME Befehl zur Verfügung, den Sie aus dem Program Editor (siehe Oberflächeneinführung) heraus aufrufen. Sie erinnern sich? Noch einmal zur Auffrischung: SAS Kommandos verwenden Sie in der Kommandozeile, SAS Befehle, die SAS Programme bilden, schicken Sie mit dem Kommando SUBMIT aus dem Program Editor ab. Für den LIBNAME Befehl muß nun folgende Syntax verwendet werden:

LIBNAME [logischer-name] "[physischer-name]" [optionen] ;

- logischer-name = Referenz-/Alias-Name im SAS System
- physischer-name = physischer Name der SAS Data Library auf Ihrem Rechner
- optionen = betriebssystemabhängige Parameter für die Allokation der SAS Data Library

Beispiele
MVS: LIBNAME mylib „userid.sas.library" disp = old;
      „disp = old" bedeutet eine Allokation der Data Library mit exklusivem Schreibzugriff
CMS: LIBNAME test   "A"; (hier nur Angabe der Mini-Disk)
VMS: LIBNAME watnu   "[XXX]:\XFSD";
UNIX: LIBNAME daten   "/usr/saslib";
PC: LIBNAME freunde "C:\SASDATA";

Bei allen LIBNAME Befehlen wurde der bereits erläuterte logische Name vergeben, der im SAS System an Stelle des physischen Namens der Data Library verwendet wird. Diese logischen Namen unterliegen den SAS Namenskonventionen, die für alle SAS „Namen" (also z.B. SAS Dateinamen, Variablennamen, etc.) gelten. Auf diese Namenskonventionen werden Sie immer wieder treffen, deshalb hier eine kurze Beschreibung, wie SAS Namen vergeben werden müssen:

Ein SAS Name...
... muß minimal ein Zeichen und darf maximal acht Zeichen lang sein
... muß mit einem Unterstrich (_) oder einem Buchstaben (A-Z ohne Umlaute und ß) beginnen
... kann beliebig mit Buchstaben, Unterstrichen (_) oder Zahlen fortgeführt werden
... darf keine Sonderzeichen beinhalten

Also:
1. JUPPIDUI   richtig
2. _DATEN_   "
3. A_123456   "
4. G_NASENB   "
5. 12345678   falsch
6. NAME$AAA   "
7. *1*A*2*B   "
8. ARTUR   "   (Sorry, Artur)

Soweit zu SAS Namen.

Jetzt wissen wir, was eine SAS Data Library ist und wie wir Sie „allokieren". Jetzt fehlen uns allerdings immer noch die Daten, die in dieser Library abgespeichert werden sollen. Werfen wir jetzt also einen genaueren Blick auf die SAS Datei.

3.1.2 SAS Dateien

Eine SAS Datei entspricht im Aufbau einer Tabelle mit Zeilen und Spalten, wobei SAS eine eigene Ausdrucksweise hat. Die Zeilen dieser „Tabellen" nennt SAS Observations (Beobachtungen/Spalten/Sätze), die Spalten Variablen (Variablen/Zeilen/Felder).

Wie wir bereits wissen, besteht eine SAS Datei aus zwei Teilen: Der Datei-/Datenbeschreibung (der sogenannte Descriptor Part) und dem Datenteil (Data Part).Werfen wir zuerst einen Blick auf die Dateibeschreibung.

Die generelle Dateibeschreibung beinhaltet u.a. folgende Informationen:

- Datum der Erstellung
- Datum der letzten Änderung
- optionalen Langtext zur Datei („Label")
- aktuelle Anzahl der Beobachtungen (Zeilen)
- ist die Datei komprimiert ?
- ist die Datei indiziert ?
- etc.

Die Datenbeschreibung gibt Informationen für jede einzelne Variable (Spalte, Feld) der SAS Datei, also z.B:

- Variablenname (nach Namenskonventionen)
- Variablentyp (Alphanumerisch oder Numerisch) alpha -> min 1, max 200)
- Ausgabeformat (in welcher Form soll der Wert der Variablen ausgegeben werden)
- Eingabeformat (in welcher Form werden Daten in diese Variable eingegeben / eingelesen)
- Langtext dieser Variablen (max. 40 Zeichen Fließtext)
- Index (ist für diese Variable ein Index definiert)

Auffällig hierbei ist, daß SAS Variablen nur numerisch oder alphanumerisch sein können. Dies heißt nicht, daß Sie (z.B.) keine Datumswerte abspeichern können. Um spezielle Ein- bzw. Ausgabeformate abdecken zu können, gibt es im SAS System FORMATE und INFORMATE, hierzu jedoch später mehr.

Dies soll als erste Information über den Aufbau einer SAS Datei genügen, jetzt wird es langsam Zeit, eine solche zu erstellen.

3.2 Direkte Dateneingabe

„Wie im richtigen Leben" setzen wir uns erst einmal hin und überlegen, welche Daten unserer Freunde, Bekannten, Verwandten und sonstigen Nervenbelastungen wir im SAS System abbilden wollen und in welcher Struktur wir dies tun. Nun, ein möglicher Aufbau wäre folgender:

F-B-V-N Datei (F=Freunde B=Bekannte V=Verwandte N=Nervensägen)

1. Name   alphanumerisch   14 Zeichen
2. Vorname   alphanumerisch   14 Zeichen
3. Straße   alphanumerisch   14 Zeichen
4. PLZ   numerisch   8 Zeichen
5. Ort   alphanumerisch   14 Zeichen
6. Telefon   alphanumerisch   14 Zeichen

Fein, jetzt wissen wir, wie die Datei aussehen soll, was nun ?! Jetzt erstellen wir sie und füllen sie mit ein paar Datensätzen.

3.2.1 Dateneingabe via DATA STEP

Verwenden wir (z. B.) erst einmal den sogenannten DATA STEP.

Der DATA STEP ist einer der zwei verschiedenen Programmierschritte im SAS System und ist generell dazu da, SAS Dateien zu erstellen oder bestehende SAS Dateien zu modifizieren, zu mischen o.ä. Wir fangen jetzt also regelrecht an, ein kleines SAS Programm zu schreiben. Erinnern Sie sich noch an die einleitenden Worte ? Es wird dort auf die unterschiedlichen Möglichkeiten eingegangen, mit dem SAS System zu arbeiten oder zu programmieren (bzw. zu „parametrisieren"). Unter anderem wird dort auch der DATA STEP erwähnt, dem wir uns nun etwas näher zuwenden.

Wie sieht nun die Syntax vom DATA STEP aus ? Vielfältig ! (Gute Antwort, Gell ?!). Scherz bei Seite, fangen wir an, eine Variante des DATA STEPS, nämlich die für unser Beispiel, zu entwickeln. Das erste Schlüsselwort im DATA STEP ist der DATA-Befehl, der angibt, wie die Ausgabedatei heißen soll. Also:

DATA [logischer Name].[Ausgabedatei-Name] ;

hier:

DATA   SASUSER.ADRESSEN ;

... wobei hier bereits ein zweistufiger Name für die SAS Datei vergeben wird. Der erste „Level" oder „Qualifier" gibt an, in welche SAS Data Library die SAS Datei geschrieben werden soll, und darauf folgt der Name der SAS Datei innerhalb der angegeben Library. In diesem Fall wird in der SAS Data Library SASUSER die SAS Datei ADRESSEN erstellt. (Anmerkung: Wenn nur ein einstufiger Dateiname angegeben wird, wird die Datei automatisch im WORK-Bereich erstellt bzw. aus dem WORK-Bereich gelesen. Sie erinnern sich ? Der WORK-Bereich wird beim Verlassen des SAS Systems gelöscht !!!)

Nachdem wir nun die Ausgabe-Datei bestimmt haben, geben wir die Längen der zu erstellenden Variablen an.

Der Befehl hierzu heißt LENGTH und wird folgenderweise aufgebaut:

LENGTH   variable [variable variable...] [$] länge
          variable [variable variable...] [$] länge

          ...
          ;

hier:

LENGTH   NAME VORNAME STRASSE ORT TELEFON $ 14
**   PLZ   8   ;**

Zu beachten ist hier, das die 8-Byte-Längenangabe für die Postleitzahl nichts über die Länge der in diesem Feld zu speichernden Zahl aussagt, da das SAS System numerische Felder in einer speziellen Form ablegt, der sog. REAL-BINARY-FLOATING-POINT Form, die hier nicht näher erläutert werden soll. Wichtig ist nur, das die Längenangabe von 8 Byte sich auf die interne Speicherungsform bezieht und nicht auf die eigentliche Länge der zu speichernden Zahl. Wen's interessiert: Es wird intern eine „Exponential-Darstellung" gewählt, die es erlaubt, in physikalischen 8 Byte Zahlen zu speichern, die mehr als 30 Stellen haben.

Als nächstes geben wir an, wie der Datensatz aufgebaut ist, den wir einlesen wollen. Dies geschieht über den INPUT Befehl mit folgender Syntax:

```
INPUT feldname [$]
      feldname [$]
      ... ;
```
hier:
```
INPUT NAME       $
      VORNAME    $
      STRASSE    $
      PLZ
      ORT        $
      TELEFON    $    ;
```

Diese Angabe bezieht sich auf den Datensatz, den wir eingeben werden, und in unserem Beispiel so aussieht:

Plätzchen Artur Tonnenweg 6900 Heidelberg 06221-999999

Der INPUT Befehl in dieser Form liest die Daten des Datensatzes in die angegebenen Felder. Da der INPUT Befehl das zentrale Statement beim Einlesen von Daten mit dem DATA STEP ist, hier ein Exkurs über seine Möglichkeiten.

(längerer) Exkurs: Der INPUT Befehl – Möglichkeiten und Syntax

Der INPUT Befehl gibt die Struktur, die Position, den Namen und das Format von in SAS Dateien einzulesenden Datenfeldern an, wobei eine Minimalform des INPUT Befehls mit der Angabe des Feldnamens und des Feldtypen auskommt. Die Syntax des INPUT Befehls in der Maximalform ist folgende:

```
      [startpos-endepos]        [format.]
INPUT                 feldname             ... ;
      [pointersteuerung]        [$]
```

INPUT ist in diesem Fall das Schlüsselwort, das den Anfang des Befehls markiert. Nun gibt es für jedes einzulesende Datenfeld drei Möglichkeiten, anzugeben, wo dieses Datenfeld beginnt bzw. im Datensatz zu finden ist.

EXKURS

Möglichkeit 1: [startpos-endepos]
Angabe der Start- und Endeposition des Datenwertes im Datensatz,
also z.B.: INPUT 1-14 NAME $;

Dieses würde heißen, daß der Name im Datensatz von Stelle 1 bis
Stelle 14 zu finden ist. Das „$"-Zeichen nach dem Feldnamen gibt an,
daß hier ein alphanumerisches Feld gelesen werden soll. Diese Art des
Einlesen kann für alle Felder verwendet werden, exemplarisch:

```
INPUT   1-14 NAME $ 15-28 VORNAME $ 29-43 TEL $
   44-48 PLZ    49-62 ORT   $;
```

Somit könnten Sie die festen Feldpositionen innerhalb Ihrer Datensätze
fest im INPUT Befehl angeben.

Möglichkeit 2: [pointersteuerung]
In diesem Fall steht Ihnen die Möglichkeit zur Verfügung, einen „Poin-
ter" (Zeiger) auf Ihrer Eingabedatei zu bewegen, und jeweils von der
Pointer-Position in der Länge des Formates, das Sie nach dem Feld-
namen angeben ([format]) in den angegeben Feldnamen zu lesen.
Pointer-Steuerungs-Befehle könnten sein :

```
@n   z.B.  @5   d.h. lese von Position 5
+n   z.B.  +8   d.h. bewege den Pointer von
                     seiner aktuellen Position 8
                     Zeichen nach Rechts und lese
                     dort  weiter
```

Gültige Informate (Einleseformate) gibt es im SAS System jede Menge,
deshalb hier nur ein kurzer Auszug von ca.150 zur Verfügung stehen-
den Informaten:

```
 n.  z.B.  5.   d.h. numerisch 5-stellig
 $n. z.B.  $8.  d.h. alphanumerisch 8-stellig
PDn. z.B.  PD4. d.h. der Wert liegt in gepackter
                     dezimaler Form vor und ist
                     4 Zeichen lang
etc.
```

Was Ihnen sicherlich auffällt: Alle Informate enden auf einen Punkt!
Dies geschieht, um dem SAS System die Trennung zwischen Informaten und Feldern mitzuteilen. Beispielhaft könnte ein INPUT Befehl mit
dieser Technik so aussehen:

```
INPUT @1  NAME $14. @15 VORNAME $14. @29 TEL $14.
    @44 PLZ  4. @49 ORT  $14. ;
```

Dieser INPUT Befehl würde dieselbe Datensatzstruktur lesen wie das vorhergehende Beispiel bei Möglichkeit Nummer 1.

Möglichkeit 3: [...]
Die dritte und einfachste Möglichkeit ist es, ohne Angabe von Pointer-Steuerung oder Positionen die Daten einzulesen. Dies setzt jedoch voraus, daß die Felder in Ihrem einzulesenden Datensatz durch mindestens ein Leerzeichen voneinander getrennt sind, wie es in unserem Hauptbeispiel der Fall ist. Dann reicht die Angabe von Feldnamen und Feldtyp, also syntaktisch ausgedrückt:

INPUT   feldname   [$] ... ;

praktisch gesehen

```
INPUT    NAME $ VORNAME $ TEL $ PLZ   ORT $;
```

Diese Art des Einlesens ist zwar die einfachste, sie ist jedoch auch mit einigen Restriktionen versehen, die da wären:

- Es können bei alphanumerischen Feldern keine eingebetteten Leerzeichen gelesen werden, da das Leerzeichen gleichzeitig Trennzeichen zum nächsten Feld ist.
- Es können maximal 8 Byte in alphanumerische Felder gelesen werden (Umgehung: Man gibt vor dem INPUT Befehl mit einem LENGTH Befehl die Feldlängen an, wie wir es in unserem Beispiel getan haben).
- etc.

Es gibt noch einige zusätzliche Restriktionen, die wir zu gegebener Zeit erläutern werden. Dies sollte ein kleiner Exkurs zum INPUT Befehl sein, um das Verständnis für die erzeugten Befehle zu schaffen (Sie sollen ja wissen, was Sie tun !!!) .

ENDE EXKURS – ENDE EXKURS – ENDE EXKURS

Tja, wie sieht unser DATA STEP bis jetzt aus ?

```
DATA SASUSER.ADRESSEN ;
     LENGTH NAME VORNAME STRASSE ORT TELEFON $ 14
            PLZ                      8 ;
     INPUT NAME     $
           VORNAME  $
           STRASSE  $
           PLZ
           ORT      $
           TELEFON  $   ;
```

Gut, dann fehlen ja eigentlich nur noch unsere Daten. Die Daten werden (in diesem einfachen Beispiel) einfach dem DATA STEP angehängt. Um dem SAS System bekanntzugeben, das Datenzeilen folgen, gibt man den CARDS Befehl am Ende des DATA STEPS an. Warum eigentlich „CARDS" ? Nun, in den (heute schon fast vergessenen) Anfängen des SAS Systems, die auf dem Großrechner liegen, gab es noch keine andere Dateneingabemöglichkeit als die der LochKARTE. Daher erklärt sich der CARDS Befehl und auch dessen Limitierung auf maximal 80 Zeichen Länge pro Datensatz (eben Lochkartenbreite).

Unser CARDS Befehl könnte so aussehen (tut er übrigens auch):

```
CARDS;
Plätzchen Artur Tonnenweg 6900 Heidelberg 06221-999999
Wühlmaus Walter Grabengassse 8000 München 089-081500
Hirsch Harry Waldstraße 6000 Frankfurt 069-123456
Hase Waldemar Bauallee 2000 Hamburg 040-444444
Gans Gunda Hofweg 1000 Berlin 030-151617
;
```

Um den DATA STEP formal zu beenden und dem SAS zu sagen: „Jetzt kommt nichts mehr, der STEP ist zu Ende" gibt man den RUN Befehl am Ende des Steps hinzu, und hat folgendes kleines SAS Programm (Beispiel 3.2.1):

```
DATA    SASUSER.ADRESSEN ;
        LENGTH NAME VORNAME STRASSE ORT TELEFON $ 14
               PLZ                   8 ;
        INPUT  NAME      $
               VORNAME $
               STRASSE $
               PLZ
               ORT       $
               TELEFON $   ;
CARDS;
Plätzchen Artur Tonnenweg 6900 Heidelberg 06221-999999
Wühlmaus Walter Grabengassse 8000 München 089-081500
Hirsch Harry Waldstraße 6000 Frankfurt 069-123456
Hase Waldemar Bauallee 2000 Hamburg 040-444444
Gans Gunda Hofweg 1000 Berlin 030-151617
RUN;
```

Wenn Sie dieses Programm ausführen, erzeugen Sie eine SAS Datei mit dem Namen SASUSER.ADRESSEN, die die Felder NAME, VORNAME, STRASSE, ORT und TELEFON enthält und vier Datenzeilen (Observations) beinhaltet.

Gut. Jetzt haben wir eine SAS Datei erstellt. Zeit, ein wenig zu rekapitulieren. Was wissen wir also (besser: Was sollten wir jetzt wissen)?

Wir kennen:

- den Aufbau einer SAS Data Library
- die Struktur einer SAS Datei
- die SAS Namenskonventionen
- den DATA Befehl
- den LENGTH Befehl
- den INPUT Befehl
- den CARDS Befehl
- den RUN Befehl
- und Artur Plätzchen

Das ist schon eine ganze Menge, aber kein Grund, sich auszuruhen, nicht wahr, Artur?

3.2.2 Dateneingabe via PROC FSEDIT

Wie schon erwähnt, gibt es im SAS System immer mehr als eine Möglichkeit, eine Problemstellung zu lösen. Unsere Problemstellung in diesem Fall ist es, eine SAS Datei zu erstellen und mit Daten zu füllen.

Was Sie bis jetzt gelernt haben, war der kompliziertere (aber auch anschaulichere) Weg über den DATA STEP.

Nun, SAS Institute bietet darüber hinaus eine Prozedur an, die Ihnen die Arbeit wesentlich erleichtert. Die Rede ist von der Prozedur FSEDIT, die in dem Modul SAS/FSP enthalten ist.

Was ist generell zu Prozeduren zu sagen ? Prozeduren sind „fertige" Programme, die von Ihnen nur noch parametrisiert werden müssen. Schon wieder so ein Ausdruck – Parametrisieren ! Hierunter versteht man (wir) eigentlich ganz schlicht das Angeben von Informationen, um Standardlösungen auf die eigenen Bedürfnisse anzupassen. Und genau dies ist hier gefordert: Das Anpassen (also parametrisieren) und Informieren der SAS Prozedur, was Sie denn nun genau tun soll, mit welchen Daten und welchen Optionen.

In unserem Fall ist die grundlegende Aufgabe der Prozedur FSEDIT, Daten satzweise zum Editieren mit einer Bildschirmmaske zur Verfügung zu stellen – nur: Die Prozedur muß wissen, welche Daten editiert werden sollen. Dies wäre also ein Parameter, der der Prozedur mitgeteilt werden muß. Sehen wir uns einmal (grundlegend) an, wie SAS Prozeduren aufgerufen werden:

```
PROC [prozedurname] [parameter] ;
      [prozedur-spezifische Befehle] ;
RUN;
```

Der Prozedurname ist in diesem Fall FSEDIT. Die folgenden „Parameter" und „Prozedur-spezifischen"

Befehle sind von Prozedur zu Prozedur unterschiedlich, wobei natürlich auf Konsistenz geachtet wurde,

d.h. einige Parameter sind in vielen Prozeduren mit dergleichen Bedeutung anzutreffen. Gehen wir aber nicht zu sehr ins Detail. Wichtig ist jetzt: Wie bringe ich meiner Prozedur FSEDIT bei, daß ich in eine neu zu erstellende Datei Daten eingeben will?

Die Syntax für dieses Beispiel (3.3.2) lautet:

```
PROC FSEDIT    NEW=SASUSER.AUTOS ;
RUN;
```

Der Parameter NEW=SASUSER.AUTOS gibt an, daß eine neue Datei mit dem Namen SASUSER.AUTOS erstellt werden soll. Wenn Sie nun dieses Programm mit dem SUBMIT-Kommando abgeschickt haben, bekommen Sie auf dem Bildschirm eine Eingabemaske folgender Form präsentiert:

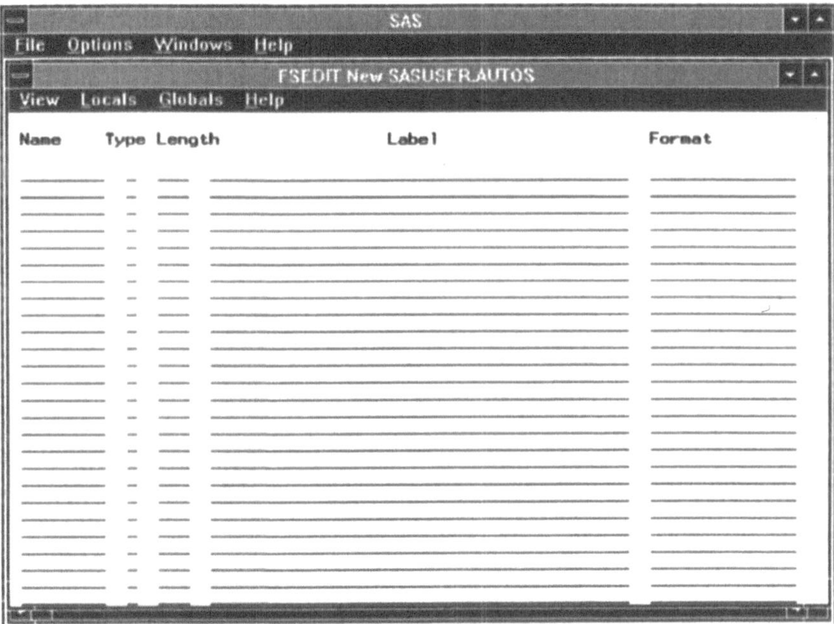

FSEDIT Feldspezifikation.

In diesem Schirm können Sie jetzt Angaben über den Aufbau Ihrer SAS Datei machen, indem Sie die Informationen in die jeweiligen Spalten eintragen. Die Begriffe, die in den Spaltenüberschriften abgebildet sind, müßten Ihnen geläufig sein, hier jedoch zur Übersicht eine Auflistung:

Feld	= Bedeutung
NAME	= Variablenname nach SAS Namenskonventionen, z.B. NAME oder TYP
TYPE	= Variablentyp, sprich: Alphanumerisch oder numerisch, wobei in diesem einstelligen Feld nur zwei Angaben zulässig sind: N für numerisch und das Dollarzeichen ($) für alphanumerisch
LENGTH	= Angabe über die Länge der Variablen, für numerische Variablen maximal 8, für alphanumerische Variablen maximal 200
LABEL	= Beschreibung, die mit dieser Variablen abgespeichert werden soll, maximal 40 Zeichen lang
FORMAT	= Das Gegenstück zu den „Informaten", d.h. in welcher Form soll der Variableninhalt in der Maske bzw. bei allen Ausgaben dargestellt werden (ein kleiner Tip: wenn Sie ein Fragezeichen in dem Feld eingeben, bekommen Sie eine kleine Auswahlliste von Formaten mit Erläuterungen zu deren Funktion).

Wenn Sie in der Kommandozeile das Kommando „RIGHT" eingeben, erscheint statt des „FORMAT"-Feldes das „INFORMAT"-Feld, in das Sie dann (falls gewünscht, Sie MÜSSEN nicht) ein geeignetes INFORMAT eingeben können. Auch hier funktioniert der kleine Trick mit dem Fragezeichen. Statt des „RIGHT"-Kommandos können Sie auch das Pull-Down Menu „LOCALS" auswählen und die Option „INFORMAT" anwählen.

Wenn Sie die Definition der Variablen beendet haben, geben Sie in der Kommando-Zeile „END" ein.

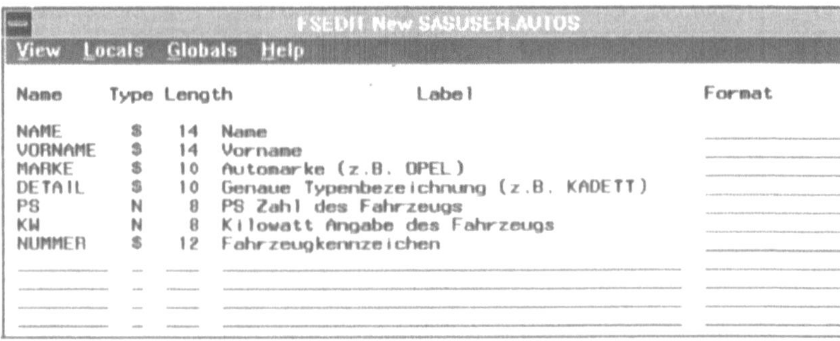

FSEDIT NEW-Schirm mit eingegebenen Werten.

Die Prozedur FSEDIT erstellt dann die SAS Datei mit den von Ihnen spezifizierten Feldern und Attributen und zeigt Ihnen einen Eingabeschirm in der folgender Form an:

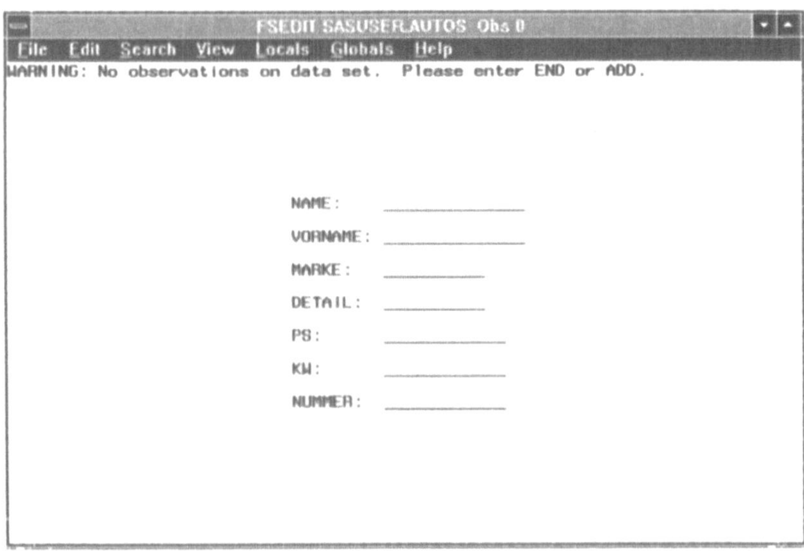

FSEDIT Eingabemaske.

Logischerweise sind in dieser Datei noch keine Observations enthalten. Die Eingabefelder der Maske sind somit schreibgeschützt. Als nächstes wollen wir unsere Adressdaten eingeben. Um dies zu tun, müssen wir als erstes eine leere Observation an die Datei anfügen. Dies tun wir durch das Eingeben und Bestätigen des Kommandos „ADD" in der Kommando-Zeile. Die Prozedur FSEDIT erstellt somit eine neue Observation ohne Datenwerte für die einzelnen Variablen.

Im Kopf des Eingabefensters sehen Sie jetzt das Wort „NEW" und die Datenfelder sind nicht länger gesperrt. Sie können jetzt (z.B. mit der Tabulatortaste) Ihren Cursor auf ein Eingabefeld positionieren und Ihre Datenwerte eingeben. Das könnte so aussehen:

```
         FSEDIT SASUSER.AUTOS  New
arch   View   Locals   Globals   Help


        NAME:      WÜHLMAUS

        VORNAME:   WILLI

        MARKE:     NOBEL

        DETAIL:    FORGET GTI

        PS:                    110

        KW:        ___________

        NUMMER:    WAL-WW 202
```

Gefüllte FSEDIT Eingabemaske.

Wenn Sie einen Datensatz eingegeben haben, können Sie über das ADD Kommando wieder eine leere Observation erzeugen oder über das DUP Kommando die derzeitige Observation duplizieren (falls einige Datenwerte Ihres nächsten Datensatzes mit dem derzeitigen Datensatz übereinstimmen, sparen Sie sich doppelte Tipparbeit). Nachdem Sie alle Datensätze eingegeben haben, beenden Sie die Eingabe mit dem „END"-Befehl in der Kommando-Zeile und gelangen wieder in das PROGRAM EDITOR-Fenster. Ihre Datei ist nun erstellt und mit Datenwerten gefüllt. Das ging schon etwas einfacher als mit dem DATA STEP, nicht wahr?

Dies waren noch nicht alle Möglichkeiten der Prozedur FSEDIT, aber zu diesem Zeitpunkt und zum Thema „Direkte Dateneingabe" soll diese kurze Einführung genügen.

3.2.3 Daten und Datenstruktur ansehen

Fein, Sie haben jetzt also Ihre SAS Datei. Jetzt wollen wir ein wenig vorgreifen und uns einfach einmal die Datenstruktur (also den Aufbau der SAS Datei) und deren Inhalt ansehen. Hierzu stehen uns mehrere Möglichkeiten zur Verfügung. Wir wählen die schnellste, indem wir mit zwei Prozeduren arbeiten.

Um uns die Dateibeschreibung anzusehen, steht uns die Prozedur CONTENTS zur Verfügung. Folgende Syntax wird hierbei verwendet:

PROC CONTENTS DATA=[Libname].[SAS Datei] ;
RUN;

In unserem Beispiel (3.2.3) also:

```
PROC CONTENTS DATA=SASUSER.ADRESSEN;
RUN;
```

Wenn wir dieses Programm „abschicken" (mit SUBMIT zur Ausführung bringen), erscheint folgender Output:

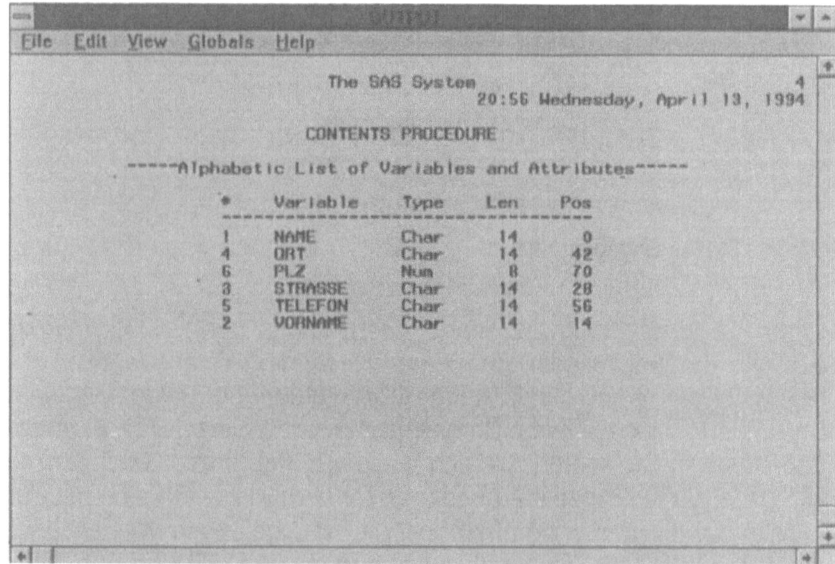

Output von PROC CONTENTS.

Wie Sie sehen, wird Ihnen eine komplette Dateibeschreibung angezeigt, die Sie auch sehr gut zu Dokumentationszwecken verwenden können. Um jetzt den Inhalt der Datei anzuzeigen, benutzen wir die Prozedur PRINT in folgender Form:

```
PROC PRINT DATA=[LIBNAME].[SAS Datei] ;
RUN;
```

also bei uns (Beispiel 3.2.4):

```
PROC PRINT DATA=SASUSER.ADRESSEN;
RUN;
```

Wenn Sie auch dieses Programm abschicken, bekommen Sie im Output-Fenster ein Listing der von Ihnen eingegebenen Daten.

Auf diese beiden Prozeduren wird später noch genauer eingegangen, da noch einige weitere Parameter zur Verfügung stehen. Zu diesem Zeitpunkt soll uns diese einfache Kontrolle unserer SAS Datei jedoch genügen.

3.2.4 Tips & Tricks

Nun zwei heiße Tips zur direkten Dateneingabe. Der erste Tip zum INPUT Befehl. Sie haben ja gelernt, daß beim listorientierten Einlesen die alphanumerischen Daten keine Leerzeichen beinhalten dürfen, weil das Leerzeichen das Trennzeichen zum nächsten Feld ist. Dies ist ein wenig ärgerlich, weil diese Art des Einlesens von Daten die einfachste ist. Aber: Es gibt eine Umgehung. Stellen Sie sich vor, sie wollen folgende Daten einlesen:

```
C. Horn   W 20
P. Mai    M 29
D. Wilm   W 33
```

Das ganze soll in drei Felder namens NAME, GESCH und ALTER eingelesen werden. Problem: Das Leerzeichen im Namen zwischen dem Vornamen und dem Nachnamen. Lösung: Ein einfaches „&". Um die Daten korrekt einzulesen, geben Sie einfach im INPUT Befehl nach dem „$"-Zeichen für den Namen das „&" ein. Der DATA STEP sieht dann wie folgt aus:

```
DATA WORK.TEST;
    INPUT NAME $ & GESCH $ ALTER;
CARDS;
C. Horn   W 20
P. Mai    M 29
D. Wilm   W 33
RUN;
```

...et voilà, die Daten werden korrekt eingelesen! Achten Sie allerdings darauf, daß zwischen dem Nachnamen und dem Geschlecht zwei Leerzeichen stehen. Wäre es nur eins, würde das Feldende nicht rechtzeitig erkannt werden und ein Einlesefehler registriert werden. Zum DATA STEP könnten noch tausende Tricks beschrieben werden, aber: Der Rahmen des Buches, die alte Leier. Aber, als Trost, ein nützlicher Tip zur Prozedur FSEDIT. Sie haben die Prozedur FSEDIT aufgerufen, um die Adressen-Datei zu definieren. Im Eingabeschirm für die Datenbeschreibung hatten Sie die Gelegenheit, ein LABEL (sprich: Langtext) für die neuen Variablen anzugeben (was wir bis jetzt noch nicht wahrgenommen haben). Diese LABEL's können von der Prozedur FSEDIT im Eingabe-schirm verwendet werden, was diese Maske etwas komfortabler gestaltet. Als Beispiel erstellen sie eine Testdatei wie folgt:

```
PROC FSEDIT NEW=WORK.TEST2   LABEL;
RUN;
```

...und geben folgende Variablenbeschreibung:

Name Type	Länge	Label	Format
Vorname	$	8	Vorname des Freundes
Alter	N	8	Alter des Freundes
Strasse	$	20	Strasse/Wohnort des Freundes

Wenn Sie jetzt den Eingabeschirm verlassen, sehen Sie vor den Textfeldern die Langtexte, die Sie mit der Dateibeschreibung gespeichert haben. In einem späteren Kapitel lernen Sie auch, diese Langtexte nachträglich zu verändern. Denken Sie dran: Beschreibungen machen Ihnen das Leben leichter, denn Sie arbeiten nicht jeden Tag mit Ihren Dateien, und wenn die Namen nicht sprechend vergeben werden...– Sie wissen schon.

3.3 Externe Datenbestände

Man soll es nicht glauben (Achtung: Kalauer), aber es gibt doch noch Leute, die Ihre Daten nicht mit dem SAS System verwalten, sondern in Betriebssystem-dateien aufbewahren. Aber: Ihnen kann geholfen werden. Was wir hier so jovial als „externe Datenbestände" bezeichnen, sind nämlich Ihre Daten, die Sie außerhalb des SAS Systems in nicht-Datenbank-Dateien aufbewahren. Und um genau diese werden wir uns jetzt kümmern.

3.3.1 Einlesen externer Daten

Bis jetzt haben wir uns mit einer Form der Eingabe von Daten in SAS Dateien beschäftigt, nämlich dem direkten „Einhacken". Dies ist eine gängige Methode, jedoch auf die Dauer ziemlich zeitraubend, vor allem wenn Sie den Datenbestand, den Sie in einer SAS Datei haben möchten, bereits irgendwann schon einmal in eine Datei eingeben haben. Stellen wir uns also vor, Sie haben die persönlichen Daten Ihrer Freunde bereits in einer Datei auf Ihrem Rechner. Wie könnte diese Datei aussehen ? Beispielsweise so:

Betriebssystem/ Gruppe	Physikalische Form	Beispiel
MVS	PS-Datei, RECFM=FS	My.FRIENDS.DAT
CMS	Sequentielle Datei	FRIENDS DAT A
VMS	Directory	[]XX]:\SAS\F.DAT
UNIX	Directory	/usr/friends.dat
PC-Betriebssysteme, DOS, WINDOWS, OS/2	Directory	C:\FRIENDS.DAT

Trotz all dieser unterschiedlichen Namen haben wir überall eine sequentielle Datei. Der Inhalt dieser Datei ist auf jeder Plattform gleich und sieht so aus:

```
Plätzchen Artur      12/01/72  120  30   M   Artur
Wühlmaus  Walter     28/02/58  90   3    M   Wühli
Hirsch    Harry      19/06/55  150  110  M   Harry
Hase      Waldemar   17/07/65  70   12   M   Waldi
Gans      Gunda      31/12/66  65   15   W   Gunda
```

Da haben wir also ganz einfach in einer sequentiellen Datei Daten-werte spaltenförmig untereinander weggetippt.

SPALTENFÖRMIG !   Klingeling !   Warnglocke !

Das haben wir doch schon einmal gehört! Wo war denn das ? Genau: Beim INPUT Befehl. Spaltenförmig einlesen! Nur: Im Zusammenhang mit dem CARDS Befehl wurde diese Form des Einlesens von Daten er-wähnt. Funktioniert das auch für das Einlesen aus externen Dateien ? Na klar ! Wir brauchen nur einen zusätzlichen Befehl, mit dem wir dem DATA STEP angeben, woher die Daten gelesen werden.

Dieser Befehl heißt im SAS System INFILE, also frei übersetzt EIN-GABEDATEI. Die Syntax dieses Befehles lautet:

```
              [logischer FILENAME]
   INFILE                     [optionen] ;
              [physischer Dateiname]
```

Moment mal: Logischer Filename? Was ist denn das? Klingt ja fast wie „logischer Bibliotheks Name". Nun, so ähnlich ist dieser Ausdruck auch zu bewerten. Genau wie Sie für SAS Data Libraries einen logi-schen Namen vergeben können, können Sie dies auch für „externe" Dateien tun. Der Befehl zum „allokieren" (was das ist wissen wir ja) einer externen Datei lautet FILENAME und ist vom Aufbau her fast identisch mit dem LIBNAME Befehl. Die Syntax lautet:

```
   FILENAME [logischer FILENAME] „[physikalischer Name]"
           [optionen];
```

Die Bedeutung der Parameter ist wie folgt:

* logischer-name   = Referenz-/Alias-Name im SAS System
* physischer-name   = physischer Name der externen Datei auf Ihrem
                         Rechner
* optionen   = betriebssystemabhängige Optionen für das
                         Eröffnen der Datei

Beispiele hierfür wären:
MVS: FILENAME data „my.friends.dat" disp = old;
        („disp = old" bedeutet eine Allokation der Datei mit exklusivem
        Schreibzugriff)
CMS: FILENAME data „FRIENDS DAT A";
VMS: FILENAME data „[XX]:\sas\f.dat";
UNIX: FILENAME data „/usr/friends.dat";
PC: FILENAME data „C:\friends.dat";

Indem wir nun den FILENAME Befehl in o.g. Form ausgeführt haben, ist der logische (File-)Name DATA vergeben, den wir nun an Stelle des kompletten Dateinamens verwenden können. So könnte der INFILE Befehl, den wir in unserem DATA STEP verwenden, um die Verbindung zu dem einzulesenden Datenbestand herzustellen, folgende beiden Ausprägungen haben:

INFILE data;

-oder-

INFILE "my.friends.dat";

Anmerkung: Hier haben wir das Beispiel nur für die MVS Datei formuliert. Mit allen anderen Betriebssystemen ist die Syntax gleich, nur der physische Dateiname variiert.

Um nun die Daten einzulesen, müssen wir, wie gehabt, einen DATA STEP schreiben und als erstes eine Ausgabedatei spezifizieren. Dies tun wir wieder mit dem DATA Befehl.

DATA SASUSER.PERSONEN;

...also erstellen wir eine SAS Datei namens PERSONEN, die in der SASUSER Library abgelegt wird.

Als nächstes spezifizieren wir die einzulesende Datei, wobei wir den FILENAMEN verwenden, den wir bereits in den Beispielen oben vergeben haben, also:

INFILE DATA;

Jetzt geben wir an, wie die Daten aus der Datei mit dem FILENAMEN DATA gelesen werden sollen, d.h. wieist der Aufbau des Datensatzes. Hierzu verwenden wir den bereits bekannten INPUT Befehl.

Sehen wir uns erst noch einmal einen Datensatz aus dieser Datei an:

```
Plätzchen Artur 12/01/72 120 30 M Artur
1—5—10—15—20—25—30—35—40—45—  ....
```

Es gilt also, folgende Datenstruktur einzulesen:

Variable	Position	Typ	Informat	
NAME	1-8	$	$8.	
VORNAME	10-17	$	$8.	
GEBDAT	19-26	N	DDMMYY8.	<==== Huch ?!
GROESSE	28-30	N	3.	
GEWICHT	32-34	N	3.	
GESCHL	36	$	$1.	
KURZNAME	38-45	$	$8.	

Somit hätten wir die Struktur ... – ist Ihnen das „HUCH" aufgefallen? Hätte von Ihnen kommen können. Warum haben wir das Datum als numerisches Feld angegeben, obwohl doch eigentlich (der Definition nach) ein Datum auch alphanumerische oder zumindest Sonderzeichen (Punkt oder Schrägstrich) beinhaltet? Nun um dies zu erläutern, wird es wieder einmal Zeit für einen

EXKURS: Wie speichert SAS Datumswerte ?

Nun, man kann dem SAS System viele Eigenarten nachsagen. Eine Eigenart ist sicherlich die ganz spezielle Art, wie das SAS System intern Datumswerte ablegt. Daß hier in numerischen Feldern gespeichert wird, wissen wir ja nun. Doch wie genau wird gespeichert? Ganz einfach (lachen Sie jetzt nicht) – Datumswerte werden als die Anzahl der Tage vom 01.01.1960 abgespeichert. So würde für den 01.01.1992 die Zahl 11688 gespeichert werden, weil dies der elftausendsechshundertachtundachtzigste Tag seit dem 01.01.1960 war. Zeitwerte werden als die Anzahl Sekunden von 00:00 Uhr gespeichert, 11 Uhr 11 und 11 Sekunden wäre im SAS System also eine 40271, weil von 00:00 Uhr vierzigtausendzweihunderteinundsiebzig Sekunden vergangen sind. Nun, richtig anstrengend wird es erst mit kombinierten Datums-Zeit-Angaben, wie z.B. 01JAN1992:11:11:11, sprich: 1.Januar 1992, 11 Uhr 11 und 11 Sekunden. Diese Werte werden als die Anzahl Sekunden vom 1. Janunar 1960, 00:00 Uhr abgespeichert. Der 01JAN1992:11:11:11 wäre also: 1.009.883.471 (verlangen Sie jetzt nicht, daß wir diese Zahl ausschreiben sollen) !

Jetzt denken Sie sicherlich, daß die Entwickler dieser Software völlig verrückt sein müssen. Sind sie aber nicht. Der besondere Gedanke hinter dieser Speicherungsmethode ist eigentlich sehr einfach zu erkennen: Man kann mit diesen Zahlenwerten rechnen! Rechnen Sie einfach die Differenz zwischen dem 01JAN1960 und dem 01JAN1992 aus. Na ? Wo bleibt das Ergebnis ? Sehen Sie !? Im SAS System könnte man jetzt folgenden DATA STEP schreiben, um das Ergebnis zu ermitteln:

```
DATA _NULL_;
  DIFF = '01JAN1992'D – '01JAN1960'D;
  PUT DIFF;
  RUN;
```

Sie finden in diesem DATA STEP drei Neuigkeiten:

1. DATA _NULL_;
, wobei _NULL_ lediglich ausdrückt, daß keine SAS Datei erzeugt werden soll, also bildlich gesehen: AUSGABEDATEI=KEINE (NULL).

2. '01JAN1992'D oder '01JAN1960'D
Das „D" hinter dem in Hochkommata eingeschlossenen Datumswert gibt dem SAS System an, daß sich innerhalb der Hochkommata ein gültiger Datumswert befindet, der automatisch in einen numerischen Wert konvertiert werden soll. Bei der Ausführung dieses DATA STEP wird also der Befehl DIFF='01JAN1992'D-'01JAN1960'D; in folgende Zeile übersetzt:

DIFF=11688-0;

Das Ergebnis ist also eine gültige mathematische Operation mit dem Ergebnis 11688. Warum der zweite Wert Null ist ? Nun, wie schon gesagt, fängt das SAS System am 01. Januar 1960 an zu zählen, also ist dies für SAS der Tag „0". Übrigens: Diese Möglichkeit existiert nicht nur für Datumswerte, sondern auch für Zeit- und
Datums-zeitwerte. Hier ist die Syntax folgende.

Bei Zeitwerten: „HH:MM:SS.nn"T (H=Stunde, M=Minute,
                         S=Sekunde, n=Hundertstel)
Bei Datumszeitwerten: „TTMMMJJJJ:HH:MM:SS.nn"DT (T=Tag,
                         M=Monat, J=Jahr, Rest wie vorher)
Alles klar ?

3. PUT DIFF;
Der PUT Befehl schreibt per Default den angegebenen Wert oder den Inhalt der angegebenen Variablen in das LOG Fenster (bzw. die LOG-Datei bei Batch-Verarbeitung, zu der wir später noch kommen). In diesem Fall wird der Wert der Variablen DIFF in das LOG-Fenster geschrieben, der 11688 ist (klar, 11688-0=11688).

EXKURS

Mit diesem kleinen DATA STEP können Sie ein wenig üben, indem Sie z.B. das Alter Ihrer Bürokollegin in Tagen ausrechnen (...oder sollten Sie das lieber nicht tun ?).

Zurück zum Thema: Sie müssen nicht immer mit den standardisierten mathematischen Operationen arbeiten.

Das SAS System bietet Ihnen eine Vielzahl von Funktionen zur Berechnung unterschiedlichster Datumskennziffern. Hier nur ein kurzer Auszug:

DATEPART (D-Z-Wert/-Variable)
– ermittelt den Datumsteil einer Datums-Zeit-Variablen.

TIMEPART (D-Z-Wert/-Variable)
– ermittelt den Zeitteil einer Datums-Zeit-Variablen

HOUR   (Z-/D-Z-Wert/-Variable)
– extrahiert nur die Stunde aus Ihrem Datenwert

INTNX   (Intervall , D-/Z-/D-Z-Wert/-Variable , Schritte)
– ermittelt Ihnen D-, Z- oder D-Z-Werte basierend auf dem angegeben
   D-, Z- oder D-Z-Wert „n" Schritte in dem spezifizierten Intervall vor
   oder zurück gerechnet

– und so weiter, und so fort.

Was Ihnen jedoch immer bewußt sein sollte ist, daß das Ergebnis einer solchen Funktion immer eine Zahl ist, die, um daraus einen lesbaren Datums-, Zeit- oder Datums-Zeit-Wert zu machen, noch formatiert werden muß. Mit den Formaten haben wir uns theoretisch bereits auseinandergesetzt, darum hier nur noch zum Abschluß dieses Exkurses ein kurzer Auszug aus der Liste der gültigen Datums-, Zeit- oder Datums-Zeit-Formate:

```
DATETIMEn.m       = „TTMMMJJJJ:HH:MM:SS.nn"
DATEn.            = „TTMMMJJJJ"
TIMEn.m           = „HH:MM:SS.nn"
DDMMYYn.          = „TT/MM/JJJJ"
DAYn.             = „TTTTTTTT"  z.B. „MONDAY"
NENGOn.           = „R.JJMMTT"  (japanisches Datum)
```

ENDE EXKURS – ENDE EXKURS – ENDE EXKURS

Gut, jetzt wissen wir, warum und wie SAS Datumswerte in numerischen Feldern speichert und wie man sie dort wieder herausbekommt. Zurück zu unserer einzulesenden Datei. Wie sieht jetzt der INPUT Befehl aus, den wir angeben müssen? Antwort: Wie folgt!

```
INPUT     @1    NAME      $8.
          @10   VORNAME   $8.
          @19   GEBDAT    DDMMYY8.
          @28   GROESSE   3.
          @32   GEWICHT   3.
          @36   GESCHL    $1.
          @38   KURZNAME  $5. ;
```

Wie Sie hier sehen, haben wir als Einlesemethode unsere Methode 2 ([pointersteuerung]) verwendet, da wir ja die genauen Feldpositionen kennen. Tja, Sie werden sich wundern, aber bis auf den fehlenden RUN Befehl war es das schon. Unser DATA STEP (Beispiel 3.3.1) sieht vollständig so aus:

```
FILENAME DATA "physikalische datei";
DATA SASUSER.PERSONEN;
  INFILE DATA;
  INPUT   @1    NAME   $8.
          @10   VORNAME   $8.
          @19   GEBDAT    DDMMYY8.
          @28   GROESSE   3.
          @32   GEWICHT   3.
          @38   KURZNAME  $5. ;
  RUN;
```

Somit wäre die SAS Datei erstellt! Jetzt sind wir bereits stolzer Eigentümer zweier SAS Dateien! Gesetzt den Fall, daß Sie diese Daten im SAS System modifizieren und auch wieder in eine „externe" Datei herausschreiben wollen, kann Ihnen auch hier geholfen werden. Betrachten wir einfach den nächsten Abschnitt:

3.3.2 Erstellen externer Dateien

Eigentlich ja doof! Jetzt haben wir unsere Daten gerade mühselig (?!) in eine SAS Datei konvertiert, schon kommt dieser Autor und will Sie zwingen, das ganze wieder rückgängig zu machen. Aber alles gar nicht so schlimm. Wir werden uns nicht lange damit aufhalten. Wie SAS Daten in externe Dateien herausschreibt, wissen Sie eigentlich schon. Wir haben gelernt, daß man auf eine externe EINGABEdatei mit dem INFILE Befehl zugreift. Nun, um Daten in eine externe AUSGABEdatei herauszuschreiben, gibt es einen Befehl mit fast identischer Syntax: FILE. Komplett sieht die Syntax so aus:

```
               [logischer Filename]
FILE                        [optionen] ;
               [physischer Filename]
```

Tja, genau wie der INFILE Befehl, nur funktioniert es in umgekehrter Richtung. Nähere Erläuterung erübrigt sich also. Wie sieht es nun mit der Angabe der herauszuschreibenden Felder aus?

Nun, nach INFILE – FILE liegt die Vermutung INPUT – PUT nahe. Und richtig.

Auch hier können Sie einfach die Syntax des INPUT Befehls verwenden, nur statt INPUT sagen Sie PUT.

Jetzt brauchen wir nur noch eine SAS Datei, deren Datenwerte wir in eine externe Datei herausschreiben wollen. Hier kommt der erste und einzige neue Befehl dieses Abschnittes auf uns zu: Der SET Befehl.

Eine existierende SAS Datei gibt man dem DATA STEP über den SET Befehl bekannt.

Die Syntax:

SET [LIBNAME].[SAS Datei] [optionen];

z.B. SET SASUSER.PERSONEN;

Dieser Befehl wird Ihnen noch häufiger begegnen, also: MERKEN !!!

Kehren wir also jetzt einmal den Spieß um, und schreiben die Datenwerte der SAS Datei SASUSER.FREUNDE in eine externe Datei, die wir vorher mit dem FILENAME Befehl unter dem logischen Namen DATA allokiert haben, heraus. (FILENAME Befehl: Nicht vergessen !!!) Der DATA STEP würde folgenderweise aussehen (Beispiel 3.3.2):

```
DATA _NULL_;
    SET  SASUSER.PERSONEN;
    FILE DATA;
    PUT    @1    NAME       $8.
           @10   VORNAME    $8.
           @19   GEBDAT     DDMMYY8.
           @28   GROESSE    3.
           @32   GEWICHT    3.
           @36   GESCHL     $1.
           @38   KURZNAME   $8. ;
RUN;
```

Alles in Ordnung ? Falls nicht, hier noch eine kleine Erläuterung der neuen „Features":

- _NULL_ = Keine Ausgabe-SAS-Datei
- SET SASUSER.PERSONEN = Eingabe SAS-Datei SASUSER.PERSONEN
- FILE DATA = Ausgabe-(Externe)-Datei mit dem Filenamen DATA, den wir über einen FILENAME Befehl zugewiesen haben
- PUT @1 NAME ... = Schreibe an (@=at) Position 1 in der Ausgabe-datei den Wert des Feldes NAME im Format... (usw.)

Und das war's. Einfacher geht es kaum, oder? Also: Gleich hinsetzen und ausprobieren. Und dann: Weiterlesen !

3.3.3 Tips & Tricks

Hier ist Sie wieder, Ihre zukünftige Lieblings-Lektion (oder ist das übertrieben?). Diesmal mit einem Tip zum Einlesen externer Datenbestände. Nicht immer sind Ihre Daten spaltenförmig abgelegt oder durch ein Leerzeichen getrennt. Es gibt auch Fälle wie diese, bei denen wir die Datei mit dem Filenamen DATEN mit folgendem Inhalt einlesen sollen:

```
Hans,20,M
Peter,25,M
Ottmar,22,M
Petra,32,W
```

Was jetzt? Keine Frage: Als erstes keine Panik! Im SAS System kriegen wir auch das geregelt. Es gibt nämlich im INFILE Befehl, den wir ja schon kennengelernt haben, als praktische Einrichtung die Option DELIMITER.

In der DELIMITER-Option kann das für den INPUT Befehl relevante Trennzeichen angegeben werden. Wie wir wissen, ist die Standardeinstellung das Leerzeichen. In diesem Fall sind die Datenwerte durch ein Komma getrennt, also sieht unser DATA STEP so aus (Beispiel 3.3.3):

```
DATA WORK.TEST3;
    INFILE DATEN DELIMITER=',';
    INPUT NAME $ ALTER GESCH $;
RUN;
```

...und wieder einmal ist ein Erfolg zu verbuchen, die Daten werden korrekt eingelesen.

Wechselnde Trennzeichen beim Eingabedatensatz sind natürlich nicht das Ende aller Stolperstricke beim Einlesen externer Datenbestände. Auch variierende Satzlängen und variable Feldanzahl können Probleme beim Einlesen hervorrufen. Diese Fälle können wir natürlich nicht alle erläutern, aber auch ein Tip hierzu: Die Optionen FLOWOVER, MISSOVER, TRUNCOVER und STOPOVER können mit dem INFILE Befehl verwendet werden und haben unterschiedlichen Einfluß auf die Behandlung von sogenannten „End-of-Record"-(kurz: EOR)-Bedingungen. Eine EOR besagt einfach, daß der Zeiger in dem einzulesenden Datensatz am Ende angekommen ist. Mit den o.a. Optionen können Sie das Verhalten des INPUT-Befehls beim unerwarteten Eintreten bzw. dem Ausbleiben von EOR-Bedingungen spezifizieren. Alles weitere zu diesen Optionen finden Sie im SAS Language Guide.

Und das wär's auch schon zum Thema „Daten – Quo vadis". Um's wie Artur zu sagen: Schnorfff !

Nun haben Sie einen wirklich mächtigen Schritt hinter sich gebracht. Sie haben wichtige Teile der Funktionalität des SAS Systems im Bereich der Dateneingabe, -verwaltung und (ansatzweise) -dokumentation kennengelernt. Außerdem haben Sie Ihre ersten eigenen SAS Programme geschrieben. Applaus !

Kein Grund jedoch, sich auf den errungenen Lorbeeren auszuruhen, denn es ist noch viel zu tun. Fangen Sie schon einmal an. Als erstes führen Sie praktische Übungen mit Ihren eigenen Daten durch. Falls Sie Probleme mit dem einen oder anderen Datensatz haben, nehmen Sie sich ein SAS Handbuch (Language Guide) und informieren Sie sich noch einmal genau über die Optionen des INFILE Befehls – da läßt sich noch viel machen.

Wenn Sie mit dieser Thematik einigermaßen vertraut sind, wenden Sie sich dem nächsten Schritt zu: Dem Bearbeiten und Analysieren Ihrer Daten.

3.4 Dateimodifikation und -handling

Schon fertig mit den Übungen? Sehr gut! Weiter so! Jetzt wissen wir also, wie man SAS Dateien erzeugt und den Inhalt von SAS Dateien auch wieder aus dem SAS System herausbekommt. Wenden wir uns jetzt dem Handling und der Modifikation von SAS Dateien zu.

3.4.1 Dateiattributmodifikation im DATA STEP

Um SAS Dateien zu modifizieren benötigen wir zwei Dinge:

a. ...die zwei zentralen Befehle
Die da wären:
DATA [LIBNAME].[SAS Datei]
und
SET [LIBNAME].[SAS Datei],
wobei beim modifizieren von SAS Dateien die Dateinamen im DATA und SET Befehl identisch sein müssen.
Gesetzt den Fall, daß Sie stolzer Eigentümer einer SAS Version größer/ gleich 6.07 sind, gelten für Sie die Befehle:
DATA [LIBNAME].[SAS Datei]
und
MODIFY [LIBNAME].[SAS Datei].

Der Unterschied hier ist hauptsächlich in der internen Verarbeitung des SAS Systems zu finden, denn mit der DATA-SET-Kombination der SAS Releases bis inklusive 6.06 wurde die angegebe SAS Datei nicht direkt modifiziert, sondern es wurde an einem anderen Speicherplatz eine modifizierte Kopie der Datei erstellt und das Original gelöscht, ohne daß Sie etwas gemerkt haben. Nur die MVS Anwender haben etwas gemerkt, da ihnen früher oder später der Speicherplatz der SAS Data-Library ausging (Anmerkung: Dies lag daran, daß der Platz, auf dem die „gelöschte" SAS Datei lag, nicht wieder verwendet wurde). Mit der SAS 6.07'er DATA-MODIFY Kombination wird eine echte „in-place"-Modifikation vorgenommen. Der MODIFY Befehl ist allerdings nicht zur Änderung von Dateiattributen zu verwenden und auch Änderungen der Dateistruktur können mit dem MODIFY Statement nicht durchgeführt werden. Er gilt rein zur Änderung von Datenwerten.

b. ...die Angabe, was eigentlich modifiziert werden kann

Tja, was ist bei einer bestehenden SAS Datei durch den DATA STEP modifizierbar? An dieser Stelle müssen wir erst einmal genau definieren, welche Art der Modifikation wir meinen, denn prinzipiell ist natürlich an einer SAS Datei alles änderbar, indem man modifizierte Kopien der Dateien erstellt. Dies soll allerdings erst einmal nicht unser Ziel sein. Anfangs beschränken wir uns auf Attribute, die verändert werden sollen, also z.B. Formate oder Variablen-Labels. Da wir Attribute modifizieren wollen, betrachten wir noch einmal genau, welche Informationen mit einer SAS Datei abgespeichert werden. Die Dateibeschreibung (Descriptor Part), die bereits im Abschn. 3.1.2 beschrieben wurde, teilt sich, wie ebenfalls schon angemerkt, in zwei Teile auf: Die generelle Dateibeschreibung und die Beschreibung der einzelnen Variablen. Sehen wir uns einmal genau an, welche Attribute gespeichert werden:

Generell:	– Datei-Langbeschreibung	Änderbar
	– Datum der Erstellung	Fix
	– Datum der letzten Änderung	Fix
	– aktuelle Anzahl Beobachtungen	Änderbar
	– aktuelle Anzahl der Variablen	Änderbar
	– ist die Datei komprimiert	Fix
	– wie viele Indizes	Fix
> 6.07	– ist die Datei geschützt	Änderbar
> 6.07	– ist die Datei sortiert	Fix
Variablen:	– Name der Variablen	Änderbar
	– Variablentyp	Fix
	– Länge der Variablen	Änderbar
	– Informat	Änderbar
	– Format	Änderbar
	– Langtext der Variablen (40 Zeichen)	Änderbar
	– Index	Fix

Zu beachten ist hierbei, daß die Angaben „Fix" und „Änderbar" sich lediglich auf die Änderbarkeit der Attribute innerhalb des DATA STEPS beziehen. Nun, da wir wissen, was modifizierbar ist, schauen wir uns die verbundenen DATA STEP Befehle an:

– Datei-Langbeschreibung

Eine Datei-Langbeschreibung wird im DATA STEP über die Datei-Option LABEL definiert und auch geändert. Zum Thema Datei-Optionen im Anschluß ein kurzer Exkurs. Hier nur kurz die Syntax zur Änderung einer Datei-Langbeschreibung:

```
DATA [LIBNAME].[SAS Datei] ( LABEL = 'Langtext' );
      SET   [LIBNAME].[SAS Datei];
RUN;
```

also (z.B. 3.4.1):

```
DATA  SASUSER.ADRESSEN(LABEL='Adressen FBVN');
      SET     SASUSER.ADRESSEN;
RUN;
```

In den folgenden Beispielen werden wir auf die ausführliche Syntaxumschreibung wie oben verzichten, da DATA Datei - SET Datei bzw. DATA Datei - MODIFY Datei in jedem DATA STEP zur Modifikation einer SAS Datei vorhanden sein müssen, und nur noch das jeweilige Statement bzw. die Datei-Option dokumentieren.

– aktuelle Anzahl der Variablen

Es können außer neuen Datensätzen natürlich auch neue Variablen in der Datei hinzugefügt werden oder alte Variablen gelöscht werden. Für beide Varianten hier jeweils ein Beispiel:

1. Neue Variable anfügen (Beispiel 3.4.3):

```
DATA SASUSER.ADRESSEN
      SET   SASUSER.ADRESSEN;
      NEU = 100;
RUN;
```

Somit hätten Sie eine numerische Variablen namens NEU angefügt, die in jedem Datensatz den Wert 100 hat. Bemerken Sie bitte, daß der MODIFY Befehl in diesem Zusammenhang nicht verwendet werden kann.

2. Variablen löschen
Das Löschen von Variablen funktioniert über die Datei-Optionen DROP oder KEEP. Hierzu folgt später noch ein Exkurs, vorweg aber ein Beispiel zum Gebrauch dieser Optionen.

- A. DROP im DATA Befehl (Beispiel 3.4.4)

```
DATA SASUSER.ADRESSEN(DROP=NEU);
    SET   SASUSER.ADRESSEN;
  RUN;
```

- B. KEEP im DATA Befehl (Beispiel 3.4.5):

```
DATA SASUSER.ADRESSEN(KEEP=NAME VORNAME
                      STRASSE PLZ ORT TELEFON);
    SET   SASUSER.ADRESSEN;
RUN;
```

- C. DROP im SET Befehl (Beispiel 3.4.6):

```
DATA SASUSER.ADRESSEN;
   SET      SASUSER.ADRESSEN(DROP=NEU);
RUN;
```

- D. KEEP im SET Befehl (Beispiel 3.4.7):

```
DATA SASUSER.ADRESSEN;
     SET   SASUSER.ADRESSEN(KEEP=NAME
           VORNAME STRASSE PLZ ORT
           TELEFON);
  RUN;
```

Die Varianten A und B würden bewirken, daß die Varible NEU während
der Ausführung des DATA STEPS noch zur Verfügung steht und abfragbar ist, da die Variable mit eingelesen aber nicht weggeschrieben wird.
Bei den Varianten C und D würde eine Abfrage auf die Variable NEU zu
einem Fehler führen, da die Variable schon nicht mehr in den Speicher
eingelesen wird. Eine nähere Erläuterung hierzu finden Sie im Abschnitt 3.5.1.

• Name der Variablen

Der Name einer Variablen läßt sich über die Datei-Option RENAME
verändern. Folgende Syntax liegt hierbei zu Grunde:

[SAS Datei] (RENAME=([alt]=[neu] [alt]=[neu] ...)) ;

z.B. SASUSER.ADRESSEN(RENAME=(NAME=NACHNAME))

...was den Namen der Variablen NAME in NACHNAME ändern
würde.

• Länge der Variablen

Um die Länge einer Variablen zu verändern, steht uns der LENGTH
Befehl, den wir bereits kennengelernt haben, zur Verfügung. Hier
noch einmal zur Auffrischung die Syntax:

LENGTH [variable] [variable ...] [$] [länge]
    [variable] [variable ...] [$] [länge] ... ;

z.B.   LENGTH ORT $ 50;

Die Länge der alphanumerischen Variablen ORT würde nach dem
DATA STEP 50 Zeichen betragen.

• Informat

Um ein INFORMAT einer Variablen zu ändern, steht der gleichnamige INFORMAT Befehl zur Verfügung. Die Syntax:

INFORMAT [variable] [variable ...] [$] [länge]
   [variable] [variable ...] [$] [länge] ... ;
z.B. INFORMAT DATUM DATE7. ;

...womit wir der Variablen DATUM das Einleseformat DATE7. zugewiesen hätten.

- **Format**

Die Änderung eines Formates einer Variablen funktioniert mit dem FORMAT Befehl in der Syntax:
FORMAT [variable] [variable ...] [$] [länge]
   [variable] [variable ...] [$] [länge] ... ;

z.B. FORMAT GROESSE COMMAX5.2 ;

...womit wir der Variablen GROESSE das Ausgabeformat COMMAX5.2 zugewiesen hätten, welches die Werte für die Ausgabe mit drei Vor- und zwei Nachkommastellen getrennt durch ein Dezimalkomma (im Gegensatz zum Dezimalpunkt) aufbereitet.

- **Langtext der Variablen (40 Zeichen)**

Der Langtext einer Variablen, der, wie bereits erwähnt, bis zu 40 Zeichen lang sein darf, wird zugewiesen und geändert über den LABEL Befehl. Die Syntax lautet:

LABEL [variable]='Langtext' ;

z.B. **LABEL PLZ = 'Postleitzahl';**

Die Variable PLZ hätte somit den Langtext „Postleitzahl" zugewiesen bekommen, der z.B. in Report Prozeduren oder einfach nur zur Dokumentation verwendet werden kann.

Um nun diesen Abschnitt abzurunden, fügen wir noch einen beispielhaften DATA STEP an, in dem alle für eine Datei möglichen Attribut-Änderungen vorgenommen werden (Beispiel 3.4.8):

```
DATA SASUSER.ADRESSEN(LABEL='Adressen FBVN'
                RENAME=(NAME=NACHNAME));
   SET SASUSER.ADRESSEN;
   LENGTH ORT $ 50;
   LABEL  PLZ = 'Postleitzahl';
   FORMAT VORNAME $CHAR25.;
   INFORMAT PLZ 4.;
RUN;
```

Wir weisen also jetzt in einem DATA STEP der Datei SASUSER.ADRESSEN den Langtext „Adressen FBVN", der Variablen ORT die Länge 50, der Variablen PLZ den Langtext „Postleitzahl", der Variablen VORNAME das Format $CHAR25. und der Variablen PLZ das Einleseformat 4. zu. Nun könnten Sie ja einmal hergehen und Ihre beiden Dateien (ADRESSEN und PERSONEN) z.B. ausgiebig dokumentieren.
Zum Abschluß dieser Sektion folgt jetzt noch der angesprochene Exkurs.

EXKURS: SAS Datei-Optionen

SAS Datei-Optionen können im SAS System überall verwendet werden, wo SAS Dateien angesprochen werden. Diese Optionen werden dann in Klammern hinter dem Dateinamen angegeben, also:

[LIBNAME].[SAS Datei] ([optionen])

Nachfolgend ein Auszug von wichtigen SAS Datei Optionen, die Ihnen zur Verfügung stehen:

OPTION	Beschreibung
ALTER=, READ=, WRITE=, PW=	Angabe von Passworten für die jeweilige SAS Datei, gültig ab SAS 6.07
CNTLLEV= member/record	Bei mehrfachem Zugriff auf eine SAS Datei innerhalb des SAS Systems wird hier angegeben, ob ein Prozeß exklusiven Zugriff auf eine SAS Datei haben soll (Member Locking) oder ob mehrere Prozesse gleichzeitig auf die Datei zugreifen können.
COMPRESS= yes/no	Soll die SAS Datei komprimiert werden (siehe Tips & Tricks)
DROP=, KEEP=	gibt an, welche Variablen in die SAS Datei geschrieben werden sollen. Hierzu später mehr.
FIRSTOBS=	gibt an, bei welcher Beobachtung der SAS Datei der jeweilige Prozeß mit der Verarbeitung beginnen soll
LABEL=	wie bereits erläutert
OBS=	gibt an bis zur wievielten Beobachtung der SAS Datei der Prozeß arbeiten soll
RENAME=	wie bereits erläutert
WHERE=	Angabe von Einschränkungen sogenannten WHERE-Bedingungen, die nach Schlüsselbegriffen den Datenbestand der Datei logisch einschränken. Auch hierzu später mehr.

Wie Sie sehen, stehen Ihnen viele Möglichkeiten zur Verfügung. Viele dieser Optionen werden Ihnen jetzt noch nicht viel helfen, wir werden die meisten jedoch später noch im Detail erläutern. Der Term „Prozeß" bedeutet in dieser Auflistung „sowohl DATA STEPS als auch Prozeduren".

ENDE EXKURS - ENDE EXKURS - ENDE EXKURS

3.4.2 Dateiattributmodifikation im Display Manager

Nachdem wir nun den „Fußweg" der Dateimodifikation mit dem DATA STEP „durchexerziert" haben, können wir uns wieder einer etwas komfortableren Methode zuwenden. Der anfangs bereits kurz vorgestellte Display Manager bietet Ihnen hier einiges an Arbeitserleichterung. Die Struktur, wie das SAS System Daten speichert,haben Sie ja noch im Kopf (SAS Dateien in SAS Datei Bibliotheken). Diese Struktur ist nun in einzelnen Windows abgebildet. Wenn Sie nun das SAS System vor sich haben, können Sie entweder über die Eingabe des Kommandos LIBNAME oder über das Pull-Down-Menu GLOBALS -> DATA MANAGEMENT -> LIBNAME LIST ein Fenster aufrufen, das Ihnen eine Liste der allokierten SAS Datei Bibliotheken zeigt.

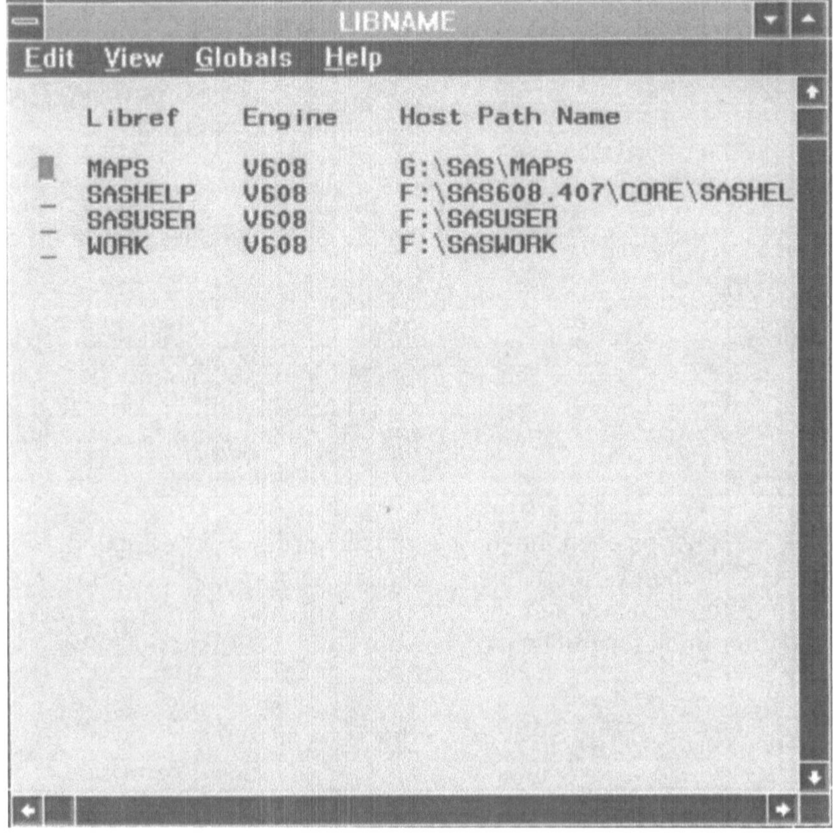

LIBNAME Fenster

Von hier aus können Sie sich jetzt die Inhalte der einzelnen Bibliotheken ansehen, indem Sie vor der Library, die Sie interessiert, ein „S" oder ein „X" eingeben. Stellen Sie sich vor, Sie möchten den Inhalt der Data-Library SASUSER genauer unter die Lupe nehmen, also bewegen Sie Ihren Cursor auf das Selektionsfeld vor dem Libnamen SASUSER, tragen ein „S" ein und betätigen die Enter-Taste (Datenfreigabe, oder was auch immer).

Somit zeigt sich Ihnen das DIRECTORY- oder kurz DIR-Window, in dem sämtliche SAS „Files" der angegebenen Library angezeigt werden.

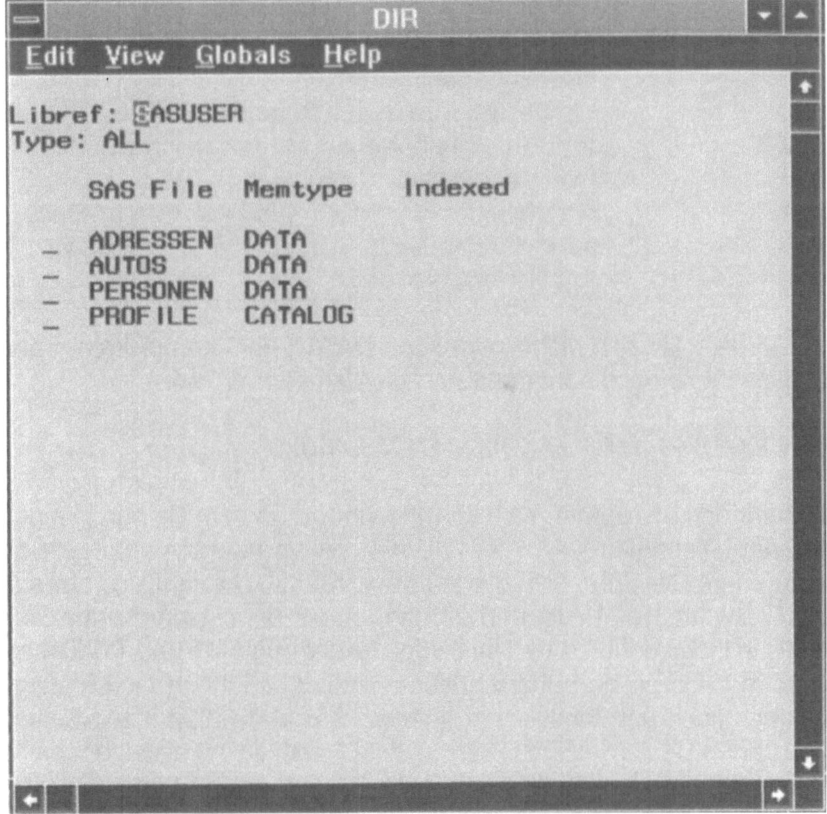

DIR Fenster

Also: Es gibt noch mehr als nur SAS Dateien, wie Ihnen diese Liste zeigt. Deswegen auch der Ausdruck „SAS Files". Wieder einmal ist es Zeit für einen der inzwischen berühmt-berüchtigten Exkurse:

EXKURS

EXKURS: SAS Files

Wie bereits in dem Abschn. 3.1.1. über SAS Dateibibliotheken angemerkt, gibt es also noch mehr Dinge als nur „Töpfe", die in einen
„Schrank" gestellt werden können, sprich: Außer SAS Dateien werden
auch noch andere „Files" in SAS Dateibibliotheken gespeichert. Nur
um das Mysterium des Begriffes „SAS File" aufzuklären, folgt jetzt eine
Liste der möglichen Files oder auch Membertypen in SAS Datei-
bibliotheken, deren Funktion hier nur kurz erläutert werden soll. Eine
genaue Beschreibung „was welcher Typ tut" folgt sukzessive in diesem
Buch. (Gleiche Stelle, gleiche Welle).

File-/Membertyp	Funktion (grob)
DATA	vollständige SAS Datei
VIEW	logische Sicht auf einen Datenbestand
ACCESS	Zugriffsbeschreibung auf einen Datenbestand in einer Datenbank
CATALOG	„Unterbibliothek" für z.B. Grafiken, Source-Code, Anwendungen, etc.
PROGRAM	kompilierter DATA STEP

Ja, wundern Sie sich nicht, man kann DATA STEPS kompilieren, aber
auch dies wird noch näher erläutert werden (Tips & Tricks).

ENDE EXKURS – ENDE EXKURS – ENDE EXKURS

Wir befinden uns immer noch im DIR-Window, in dem Sie nun in einer
Liste den Filenamen (SAS File) und den Filetyp (Memtype) angezeigt
bekommen. Das dritte Feld dieser Liste (INDEXED) bezieht sich nur auf
SAS Files vom Type DATA und gibt an, ob für die entsprechende SAS
Datei ein Index definiert ist. Die beiden Felder LIBNAME und TYPE ganz
oben im Window sind überschreibbar und geben Ihnen die Möglichkeit, sich auch den Inhalt einer anderen SAS Data-Library anzusehen
(übertippen Sie den jetzigen Wert SASUSER einfach mit dem Libnamen,
für den Sie sich den Inhalt ansehen wollen, z.B. WORK) oder die Liste
der angezeigten Files einzuschränken (im TYPE Feld können Sie DATA,
CATALOG, ACCESS, VIEW oder ALL angeben, womit Sie die Sicht auf
diese SAS Data-Library auf den angegeben Typ einschränken).

Auch in diesem Fenster haben Sie vor den einzelnen Einträgen der
Liste wieder ein Selektionsfeld, in das Sie unterschiedliche Buchstaben
für Selektionen eintragen können. Hier müssen wir allerdings wieder
auf einen Unterschied zwischen den SAS Versionen vor und nach der
Version 6.07 hinweisen.

In Version 6.06 haben Sie die Möglichkeit, im Selektionsfeld folgende Buchstaben einzutragen:

Selektion	Bedeutung
S = Select	verzweigt bei SAS Dateien und Views in eine Variablen Liste (VAR-Window) und bei SAS Katalogen in ein Inhaltsverzeichnis des Katalogs (CAT-Window)
B = Browse	gilt nur für SAS Dateien und SAS Views und zeigt Ihnen ein Listing des Inhaltes der Datei bzw. des Views
R = Rename	zum Umbenennen des Eintrages
D = Delete	zum Löschen des Eintrages
V = Verify	zum Bestätigen der Löschanfrage
C = Cancel	um die Löschanfrage zu beenden und den Eintrag nicht zu löschen

In der Version 6.07 sind die o.g. Zeilenkommandos immer noch gültig, Sie haben hier allerdings noch das zusätzliche Feature des WPOPUP Kommandos, das auf einer bestimmten PF Taste definiert ist (die PF Tasten Belegung sehen Sie sich mit dem Kommando KEYS an, bzw. über das Pull-Down-Menu HELP->KEYS). Wenn Sie jetzt Ihren Cursor auf das Selektionsfeld vor dem File, für das Sie Informationen haben wollen bzw. das Sie sich anzeigen wollen, positionieren und die PF Taste drücken, auf der das WPOPUP Kommando definiert ist, zeigt sich Ihnen ein Fenster mit den Auswahlmöglichkeiten EDIT, BROWSE, SELECT, RENAME, CANCEL, DELETE, VERIFY, wobei unter EDIT und BROWSE jeweils noch ein Untermenu zur Verfügung steht für die Auswahl, ob Sie zeilenweise oder tabellarisch Anzeigen bzw. Editieren wollen. Durch einfaches „Anklicken" der gewünschten Auswahl werden Sie dann automatisch weitergeführt. Das WPOPUP Kommando gilt in allen „Datenmanagement" Windows (LIBNAME, DIRECTORY, CATALOG, VARIABLES). Falls Sie nicht mit dem WPOPUP Kommando arbeiten, sondern die Befehle eingeben wollen, stehen Ihnen jetzt zusätzlich folgende Befehle zur Verfügung:

Selektion	Bedeutung
E = Edit	gilt nur für SAS Dateien und SAS Views und zeigt einen FSEDIT der Datei bzw. des Views
B = Browse	zeigt jetzt einen FSBROWSE (FSEDIT im Anzeigemodus, also nicht Editieren)
T = Table	ergibt einen FSVIEW (tabellarischer FSEDIT) im editierbaren Modus
L = List	zeigt Ihnen die Daten im FSVIEW-Anzeige-Modus tabellarisch

Soweit zum Versionsunterschied. Sehen wir uns jetzt an, wie wir SAS Dateien mit diesen Windows modifizieren können. Die erste Modifikationsmöglichkeit für eine SAS Datei wäre also im Directory-Window die Möglichkeit des RENAME der Datei, also die Datei umzubenennen. Geben Sie hierzu ein R vor der zu ändernden Datei an. Der Dateiname wird jetzt in der Liste Revers angezeigt, und Sie können den aktuellen Namen mit einem gültigen SAS Namen überschreiben. Wenn Sie. den gewünschten Namen angegeben haben, brauchen Sie nur noch die Datenfreigabe-Taste zu drücken, und der neue Name ist gespeichert. Falls Sie die Aktion abbrechen wollen, können Sie bevor Sie Datenfreigabe gedrückt haben vor dem Namen im Selektionsfeld ein C eingeben, und der alte Name wird wieder angezeigt.

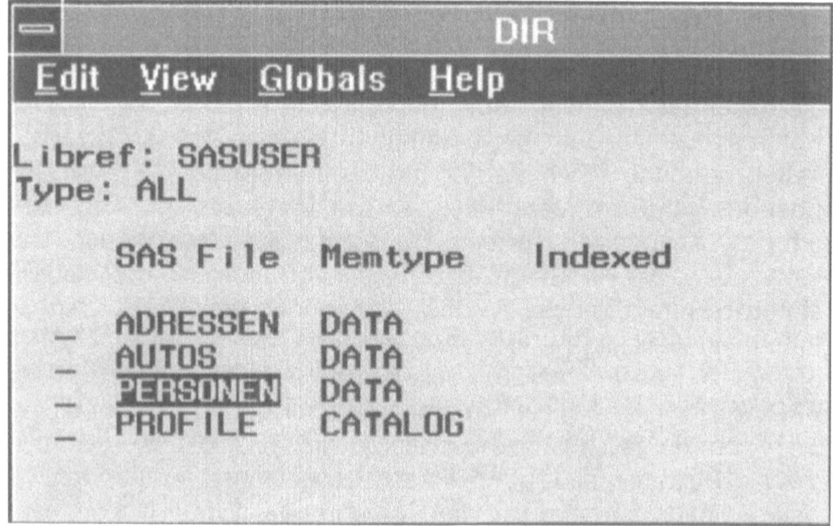

DIR Fenster mit Rename-Funktion.

Als zweites Beispiel lassen Sie uns Feldattribute einer Datei verändern. Wählen Sie hierzu die SAS Datei SASUSER.ADRESSEN mit einem S in der Aktionszeile aus. Sie bekommen jetzt das sogenannte VAR-Window dargestellt, das sich auch direkt mit dem Kommando VAR [LIBNAME].[SAS-Datei] aus der Kommandozeile aufrufen läßt. Dieses Kommando ist ein Display-Manager-Kommando und von allen Display-Manager-Windows aus aufrufbar.

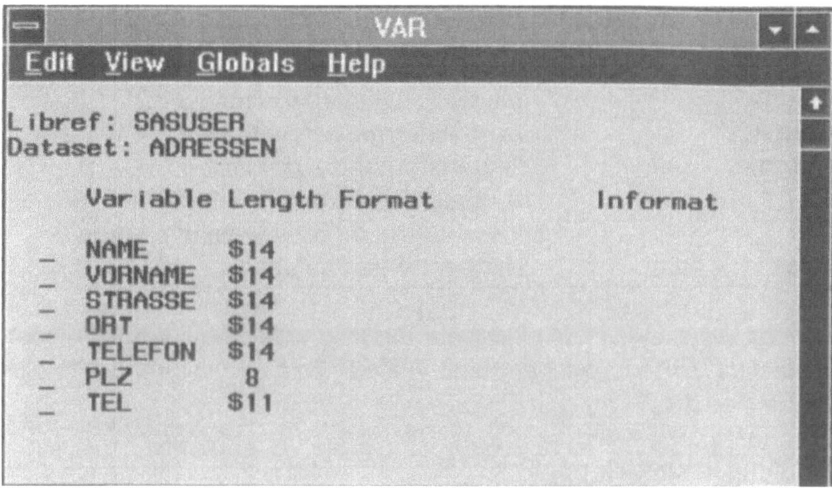

VAR Fenster.

Wenn Sie jetzt das VAR-Window vor sich haben, sehen Sie auch hier wieder zwei überschreibbare Felder oben im Bildschirm: LIBREF (der logische Name der SAS DATA Library) und DATASET (der Name der SAS Datei).

Hier können Sie jederzeit eine beliebige andere Datei auswählen. Wenn Sie das Fenster vergrößern (z.B. durch das Angeben des Kommandos ZOOM oder Z in der Kommandozeile des Fensters), sehen Sie die folgenden Spalten:

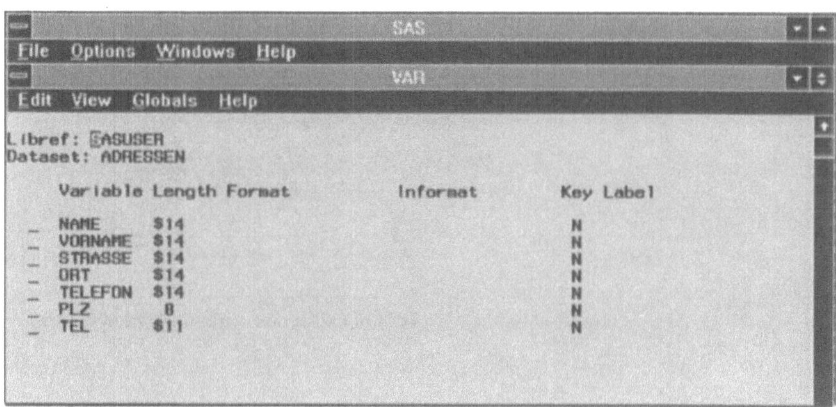

VAR Fenster (Zoom).

Feld	Änderbar?	Beschreibung
Variable	Ja	Variablenname
Length		physische Länge der Variablen
Format	Ja	Ausgabeformat der Variablen
Informat	Ja	Eingabeformat der Variablen
Key		Ist diese Variable ein Schlüssel, nach dem ein Index auf diese Datei vergeben wurde ?
Label	Ja	Langtext dieser Variablen

Es folgt dann eine Aufstellung der Variablen der SAS Datei. Vor jedem Variablennamen ist wiederum ein Auswahlfeld abgebildet, das folgende Befehle zuläßt:

Selektion	Bedeutung
R= Rename	Ändern des Variablennamens oder der Variablenattribute
C= Cancel	Abbrechen der Veränderungen

Hier wird wieder nach dem gleichen Prinzip verfahren wie auch im DIR-Window: Wenn Sie den Namen einer Variablen oder Attribute einzelner Variablen verändern wollen, geben Sie ein R vor dem Variablennamen an. Die änderbaren Felder werden dann Revers hinterlegt dargestellt. Mit Datenfreigabe bestätigen Sie die Veränderungen. Falls Sie die Änderungen abbrechen wollen, geben Sie in dem Aktionsfeld vor dem Variablennamen ein C ein, bevor Sie die Datenfreigabe-Taste betätigen. Falls Sie jetzt Änderungen in der Datei SASUSER.ADRESSEN vorgenommen haben, machen Sie diese bitte wieder rückgängig, da wir diese Datei später noch einmal brauchen werden.

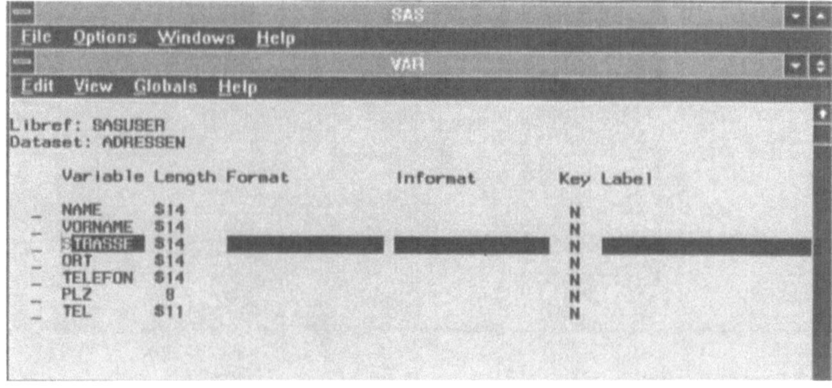

VAR Fenster mit aktivem „Rename".

Ihnen ist sicherlich aufgefallen, daß sich nicht alle Änderungen im DIR-
und VAR-Window vornehmen lassen. Es gibt auch hier, wie überall im
SAS System, mal wieder einen weiteren Weg, Änderungen in der Datei
vorzunehmen, nämlich unter Nutzung des SERVICE- oder auch
ACCESS-Fensters. Zu diesem Fenster bekommen Sie Informationen
über die Hilfe-Funktion.

3.4.3 Kopieren von SAS Dateien

Eine sehr häufige Anforderung ist es, SAS Dateien zu kopieren. Es ist
zwar schon fast müßig zu erwähnen, aber auch hier gibt es wieder
zwei Möglichkeiten, der Anforderung gerecht zu werden.

Möglichkeit 1: Dateien mit dem DATA STEP kopieren

Diese Möglichkeit ist eigentlich sehr simpel. Stellen Sie sich vor, Sie wollen die SAS Datei SASUSER.ADRESSEN auf einen anderen PC überspie-
len, und dazu diese Datei auf eine Diskette kopieren (ja, dies ist ein PC-
spezifisches Beispiel, aber suchen Sie doch ein besseres). Dazu können
Sie einen einfachen DATA STEP verwenden. Vorher setzen Sie einen
LIBNAME Befehl ab, der den Libnamen DISKETTE dem Laufwerk A zu-
weist. Das Programm würde dann wie folgt aussehen (Beispiel 3.4.9):

```
LIBNAME DISKETTE 'A:\';
DATA DISKETTE.ADRESSEN;
    SET SASUSER.ADRESSEN;
RUN;
```

Dieses Programm (mit dem SUBMIT-Kommando abgeschickt) erstellt
(oder überschreibt) die Datei DISKETTE.ADRESSEN als eine Kopie der
Datei SASUSER.ADRESSEN. Mal wieder ganz einfach, oder ?
    Was passiert allerdings, wenn Sie mehr als eine Datei kopieren wol-
len? Vielleicht wählen Sie dann die

Möglichkeit 2: Die Prozedur PROC COPY

Mit der Prozedur PROC COPY können Sie mehrere Dateien in einem
Step kopieren. Aber nicht nur das. Mit PROC COPY können auch SAS-
Kataloge, Views etc. kopiert werden. Erweitern wir unser Beispiel
etwas. Gehen Sie davon aus, daß Sie z.B. alle SAS Dateien, die im
SASUSER Bereich abgelegt sind und mit A anfangen in eine andere
Bibliothek kopieren (jetzt z.B. eine MVS SAS Data-Library) wollen.
Sehen wir uns mal an, wie PROC COPY uns dabei helfen kann. Zuerst
die Syntax von PROC COPY:

```
PROC COPY IN=[Eingabe-SAS Lib] OUT=[Ausgabe-SAS Lib]
     MEMTYPE=[File-Typ] [MOVE];
     SELECT [name name ... name] / MEMTYPE=[File-Typ];
     EXCLUDE [name name ... name] / MEMTYPE=[File-Typ];
RUN;
```

Ah, ja ! Nehmen wir das ganze etwas genauer unter die Lupe:

IN=
Die SAS Library, in der die Dateien stehen, die kopiert werden sollen.

OUT=
Die Ziel-SAS Library, in die die Dateien kopiert werden sollen.

MEMTYPE=
Der Typ der Einträge aus der SAS Library, die kopiert werden sollen.

MOVE
Wenn dieser Parameter angegeben wird, werden die Dateien aus der Eingabe-Library nach dem Kopieren gelöscht, es findet also ein Verschieben, ein MOVE der Dateien statt.

SELECT
Hier können Sie, mit dem Doppelpunkt als „Wildcard"-(Abkürzungs)-Zeichen, angeben, welche Dateien aus der Eingabe-Library in die Ausgabe-Library kopiert werden sollen.

EXCLUDE
Das genaue Gegenteil von SELECT. Alle außer den hier angegeben Dateien werden aus der Eingabe-Library mit in die Ausgabe-Library kopiert.

Jetzt sind wir, was die Syntax angeht, etwas klüger. Was hat das allerdings mit dieser „Wildcard" auf sich? Sehen wir uns unser Beispiel noch einmal an: Wir sollen alle SAS Dateien, die mit A anfangen, aus der Library SASUSER in die neue Library ZIEL kopieren. Das Programm würde wie folgt aussehen:

```
LIBNAME ZIEL "MY.NEW.ADATA" DISP=NEW;
* DISP=NEW heißt "neu anlegen" !;
PROC COPY IN=SASUSER OUT=ZIEL;
    SELECT A:   / MEMTYPE=DATA;
RUN;
```

Die „Wildcard" sehen Sie im SELECT Statement: Hier wird direkt nach dem A der Doppelpunkt gesetzt, was dem SAS System sagt, daß die zu selektierenden Dateien auf jeden Fall mit einem A anfangen müssen, wie der Name weitergeht ist allerdings egal. Nach dem Schrägstrich geben wir noch an, daß der Typ der zu kopierenden Dateien DATA sein muß, also SAS Datei, und fertig ist der Kopiervorgang (abgesehen vom SUBMIT Kommando). Probieren Sie beide Möglichkeiten doch mal aus!

3.4.4 Sortieren von SAS Dateien

Das Sortieren von SAS Dateien darf natürlich nicht vergessen werden. Hierzu dient wieder einmal eine SAS Prozedur, nämlich die Prozedur PROC SORT. Fangen wir mit der Syntax dieser Prozedur an:

```
PROC SORT DATA=[SAS Datei] OUT=[SAS Datei]
     SORTSEQ=[Reihenfolge]  [ options ];
     BY [DESCENDING] [variable variable ... variable];
RUN;
```

Zu den einzelnen Parametern:

Option/ Befehl	Beschreibung
DATA=	Name der SAS Datei, die sortiert werden soll.
OUT=	Optional: Name der Datei, in der die sortierten Daten abgelegt werden sollen.
SORTSEQ=	Optional: Sortierreihenfolge. Hier kann z.B. auf dem PC EBCDIC angegeben werden. Dies hätte zur Folge, daß die Daten in der gleichen Reihenfolge wie auf einem Großrechner sortiert werden würden, der mit dem EBCDIC Zeichensatz arbeitet. Auch umgekehrt würde dies funktionieren: Es kann auf dem Großrechner SORTSEQ=ASCII angegeben werden, sodaß die Werte wie auf einem PC sortiert werden würden.
options	Ausgabedatei übernommen werden. FORCE muß angegeben werden, wenn keine OUT= Datei angegeben ist und NODUPKEY oder NODUPREC verwendet wird, um sicherzugehen, daß Sie nicht aus Versehen Datensätze löschen.
BY	Hier geben Sie die Namen der Variablen an, nach denen sortiert werden soll. Falls nach einem Variableninhalt absteigend sortiert werden soll, geben Sie vor dem Variablennamen der Schlüsselbegriff DESCENDING ein.

Soweit zur Syntax, jetzt ein Beispiel. Sie möchten die Datei mit den Adressen Ihrer Freunde alphabetisch nach
deren Vornamen sortieren und ausdrucken. Dazu verhilft Ihnen das folgende Programm (Beispiel 3.4.10):

```
PROC SORT DATA=SASUSER.ADRESSEN;
    BY VORNAME;
RUN;
PROC PRINT DATA=SASUSER.ADRESSEN;
RUN;
```

Die Prozedur PROC PRINT haben Sie ja schon einmal gesehen, für eine genauere Beschreibung vertrösten wir Sie wieder auf später. Auf jeden Fall haben Sie jetzt Ihre Liste. Ist doch auch was.

3.4.5 Editieren von SAS Dateien

Ja, es geht zügig voran. Jetzt kommen wir zum interaktiven Editieren von Daten. Ihre Dateien, die Sie im SAS System abgelegt haben, werden Sie sicherlich auch einmal inhaltlich verändern oder erweitern müssen. Hierzu dienen zwei Prozeduren, von denen wir eine schon kennengelernt haben: PROC FSEDIT. Die zweite Prozedur ist PROC FSVIEW. Beide Prozeduren gehören zum SAS/FSP Modul, welches das Full-Screen Product von SAS Institute ist. Fangen wir mit der Prozedur FSEDIT an. Zum Anlegen von Dateien haben wir sie ja bereits kennengelernt. Jetzt verwenden wir sie, um Datensätze einzugeben, zu duplizieren und zu löschen. Der Aufruf der Prozedur kann auf mehrere verschiedene Arten erfolgen:

A. Als Programm
Die Syntax ist hier
PROC FSEDIT DATA=[SAS Datei];
RUN;
also in unserem Beispiel (3.4.11):

```
PROC FSEDIT DATA=SASUSER.ADRESSEN;
RUN;
```

Dieses Programm wird im PROGRAM Editor geschrieben und mit SUBMIT gestartet.

B. Aus dem DIR Window
Wenn Sie das DIR Window mit dem Kommando DIR SASUSER aufrufen, können Sie vor der Datei ADRESSEN ein E eingeben, dann wird die Prozedur FSEDIT aufgerufen (ACHTUNG: erst ab SAS 6.07).

C. Als Kommando
Sie können FSEDIT auch aus der Befehlszeile aufrufen. Verwenden Sie hierzu den Befehl
FSEDIT [SAS-Datei], also:
**FSEDIT SASUSER.ADRESSEN
(ACHTUNG: erst ab SAS 6.07).**

Nach diesen vielfältigen Möglichkeiten des Aufrufes dieser Prozedur können wir jetzt endlich mit dem Editieren der Daten anfangen. Der aufgerufene Schirm ist Ihnen ja schon bekannt

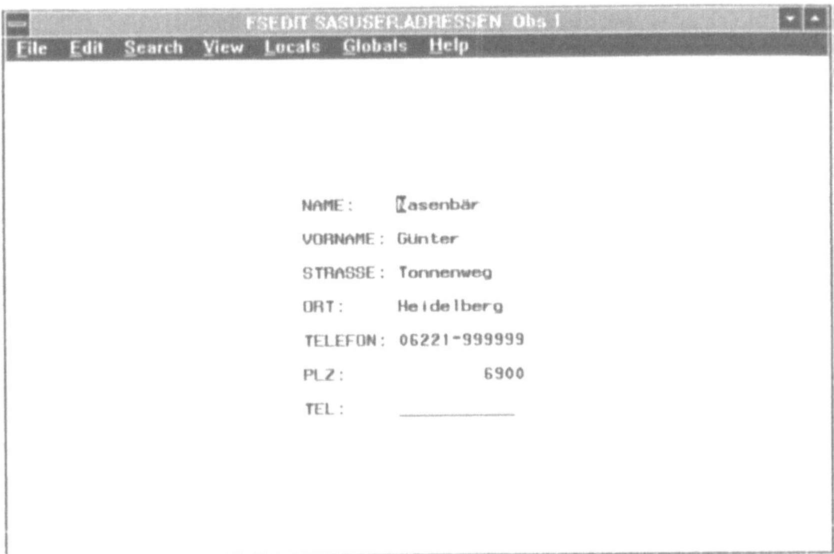

FSEDIT Editiermaske.

Die wichtigsten Kommandos in der Prozedur FSEDIT sind:

Befehl	Beschreibung
ADD	Anfügen eines neuen leeren Datensatzes
DUP	Duplizieren des aktuellen Datensatzes. Der neue Datensatz wird am Ende der Datei angefügt.

DEL	Der aktuelle Datensatz wird gelöscht.
FORWARD	Zum nächsten Datensatz blättern
BACKWARD	Zum vorherigen Datensatz blättern
NEXTSCR	Falls die Datei zu viele Felder hat, um auf einem Bildschirm abgebildet zu werden, erscheint FSEDIT mit der Meldung „This application uses n Screens", wobei n die Anzahl der Schirme ist. Sie können mit dem Kommando NEXTSCR zum nächsten Bildschirm des aktuellen Datensatzes blättern.
PREVSCR	...ist das Gegenstück zu NEXTSCR und blättert zum vorherigen Schirm.
n	n=eine beliebige Observation-Nummer, die Sie in der Kommandozeile eingeben können. FSEDIT springt dann direkt zu der Observation mit dieser Nummer.

Jetzt kennen Sie die wichtigsten Befehle der Prozedur FSEDIT. Es gibt allerdings noch viel mehr Möglichkeiten in dieser Prozedur, die den Rahmen eines Grundlagenbuches sprengen würden. Hierzu wird es eine separate Unterlage geben, deren Namen und Nummer wir Ihnen auf Anfrage gerne mitteilen. Was Sie jetzt tun sollten: „Spielen" sie etwas mit den bekannten Befehlen, fügen Sie Datensätze an, löschen und duplizieren Sie. Achten Sie jedoch bitte darauf, daß die ursprünglichen Datensätze nicht gelöscht werden, da wir diese noch für spätere Übungen benötigen. Die zweite Prozedur, mit der Sie SAS Dateien direkt Editieren können, ist die Prozedur FSVIEW. Auch hier besteht wieder die Möglichkeit verschiedener Aufrufe:

A. Als Programm
Die Syntax ist hier
PROC FSVIEW DATA=[SAS Datei];
RUN;
also in unserem Beispiel (3.4.12):

```
PROC FSVIEW DATA=SASUSER.ADRESSEN;
RUN;
```

Dieses Programm wird im PROGRAM Editor geschrieben und mit SUBMIT gestartet.

B. Aus dem DIR Window
Wenn Sie das DIR Window mit dem Kommando DIR SASUSER aufrufen, können Sie vor der Datei ADRESSEN ein T eingeben, dann wird die Prozedur FSVIEW im Editier-Modus aufgerufen
(ACHTUNG: erst ab SAS 6.07).

C. Als Kommando

Sie können FSVIEW auch aus der Befehlszeile aufrufen. Verwenden Sie hierzu den Befehl

FSVIEW [SAS-Datei], also:

FSVIEW SASUSER.ADRESSEN

(ACHTUNG: erst ab SAS 6.07).

Das ganze ist übrigens auch abkürzbar bis auf FSV SASUSER.ADRESSEN

In der Prozedur angelangt, fällt Ihnen auch gleich der Unterschied zu FSEDIT auf: Hier können Sie Ihre Daten tabellarisch editieren, in FSEDIT satzweise.

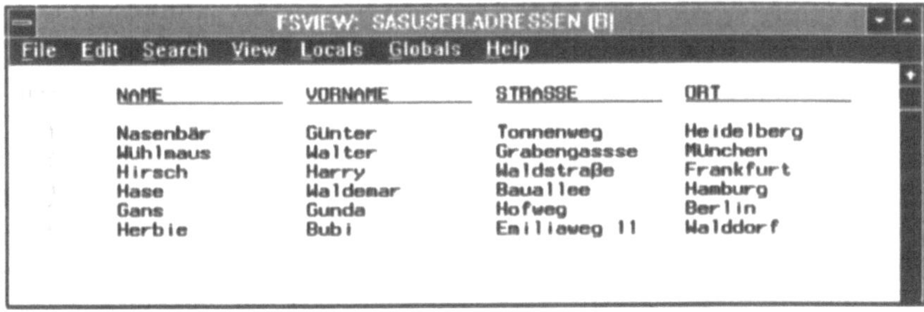

FSVIEW Maske.

Hier gelten deshalb auch einige andere Befehle. Die wichtigsten für Sie sind:

Befehl	Bedeutung
MODIFIY	Setzt den MODIFICATION MODE für die Datei. Was so hochtrabend klingt, ist eigentlich ganz einfach: Es gibt zwei Modi, nämlich den RECORD-Level-Lock und den MEMBER-Level-Lock. Der RECORD-Level-Lock besagt, daß Sie eine Observation anklicken müssen, bevor Sie sie editieren können. Dadurch haben andere Prozeduren die Möglichkeit parallel zu Ihrem editieren, auf die Datei zuzugreifen. Dies ist allerdings sehr spezifisch und nur für fortgeschrittene SAS-Benutzer interessant. Meine Empfehlung ist es daher, den MEMBER Lock zu wählen. Sie können damit frei mit dem Cursor durch die Observations laufen und direkt editieren.

ADD	Schaltet den „AUTOADD"-Modus ein, der Ihnen am Ende der Datei neue Datensätze anhängt, die Sie mit Datenwerten füllen können. Wenn Sie den Datensatz mit Werten gefüllt haben, wird automatisch ein neuer Datensatz angefügt. Dies gilt solange, bis Sie das ADD-Kommando ein weiteres mal eingeben.
DEL	Löscht den Datensatz, auf dem der Cursor gerade steht. Falls Sie das nicht wünschen, geben Sie nach dem DEL Kommando die Observation-Nummer(n) an, die gelöscht werden soll(en), z.B.: DEL 8, DEL 11 17, DEL 1-10.
DROP	Entfernt Spalten aus der Anzeige, physikalisch bleiben die Spalten Bestandteil der Datei.
FORWARD	Nächste Seite
BACKWARD	Vorherige Seite
LEFT	Nach Links
RIGHT	Nach Rechts

Hier ist nur ein sehr kurzer Auszug der Möglichkeiten von FSVIEW dargestellt. Genau wie bei FSEDIT bitten wir Sie, bei näherem Interesse bei uns anzufragen. Üben Sie jetzt ein wenig den Umgang mit der Prozedur FSVIEW – und lassen Sie die Ursprungsdaten unverändert. Noch ein Tip: Der erste Befehl, nachdem Sie FSVIEW aufgerufen haben, sollte MODIFY MEMBER oder MOD MEMBER sein, damit Sie frei editieren können. Einige Informationen zu FSEDIT und FSVIEW finden Sie auch in der Tips&Tricks Sektion am Ende des Buches.

3.4.6 Tips & Tricks

Wir beschränken uns hier ein wenig, weil, wie bereits erwähnt, am Ende des Buches in der Tips&Tricks Sektion noch Beispiele zu FSEDIT und FSVIEW kommen. Hier also ein Vorspiel. Sie haben alphanumerische Daten mit FSEDIT erfaßt? Wenn ja, wird Ihnen aufgefallen sein, daß standardmäßig alle Daten, die Sie in alphanumerische Felder eingegeben haben, in Großbuchstaben umgesetzt werden. Dies zu verhindern, ist nur ein kleiner Trick. Wählen Sie dazu in der Prozedur FSEDIT beim Editieren das Pull-down-Menu LOCALS und den Unterpunkt MODIFY SCREEN oder geben Sie in der Kommandozeile den Befehl MODIFY an. Als erstes werden Sie nach einem Passwort gefragt, das, da Sie es nicht vergeben haben, nicht existiert. Wählen Sie also OK zum Weitermachen. Sie gelangen dann in das „Screen Modification Menu" der Prozedur FSEDIT. Hier können einige schöne Dinge angestellt werden. Wir jedoch interessieren uns nur für die einzelnen Feldattribute, also wählen Sie den Menüpunkt 5 „Assign Special Attributes to Fields" aus, indem Sie den Punkt mit der Maus anklicken oder die Ziffer in der Kommandozeile eingeben.

FSEDIT Menu.

Nun sehen Sie Ihren Eingabeschirm, allerdings ohne Daten. Nur die leeren Datenfelder werden hier angezeigt.

Betrachten Sie jetzt die Kopfzeile. Dort wird das jeweilige Feldattribut, bei dem Sie sich gerade befinden, angezeigt. Blättern Sie jetzt vorwärts, bis Sie zu der Angabe CAPS kommen. Hier sehen Sie alle alphanumerischen Felder mit einem C gefüllt. Wenn Sie nicht wollen, daß Ihre Eingaben von Klein- in Großbuchstaben umgesetzt werden, dann entfernen Sie das C aus dem gewünschten Feld.

FSEDIT Attribut-Fenster.

Jetzt können Sie den Schirm verlassen, ebenso wie das „Modification Menu". Sie befinden sich wieder im Editier-Modus für die Daten und werden feststellen, daß der Parameter aktiviert wurde. Auf eines sollten wir Sie jedoch hinweisen: Wenn Sie die Prozedur FSEDIT verlassen und wieder aufrufen, sind diese „Parameter"-Änderungen nicht mehr wirksam. Wie Sie diese Zustände speichern und wiederverwenden, lernen Sie in der Tips&Tricks Sektion im Kap. 6.

3.5 Datenmanagement

Management ist so ein schöner Begriff. Wir bilden Sie jetzt zum offiziellen „SAS Datenmanger" aus. Was sich dahinter verbirgt, ist hauptsächlich die Fähigkeit, SAS Dateien beliebig miteinander zu kombinieren und zu verwalten. Dazu steht Ihnen ein sehr mächtiges Werkzeug zur Verfügung: Der DATA STEP. Und der ist auch das erste, was wir jetzt einmal ganz genau durchleuchten.

3.5.1 DATA STEP... – Häääh ?

Früher oder später mußte es ja so kommen: Wir werden detailliert. Nun aber keine Angst. Wir versuchen, schonend mit den technischen Details umzugehen. Sehen wir uns einmal an, was wir bis jetzt über den DATA STEP wissen:

1. Der DATA STEP beginnt mit dem DATA Befehl und der Angabe des Ausgabe-Dateinamens oder, falls keine Ausgabe in eine SAS Datei gewünscht ist, _NULL_.
2. Innerhalb des DATA STEPS kann eine Eingabedatei angegeben werden, entweder:
   a. eine SAS Datei (der SET Befehl) oder
   b. eine externe Datei (der INFILE Befehl).
3. Der DATA STEP wird standardmäßig einmal für jeden Datensatz der Eingabedatei durchlaufen.
4. Es können externe Daten mittels des INPUT Befehls eingelesen werden.
5. Es können neue Variablen definiert und bestehende in Ihren Attributen und Inhalten modifiziert werden.
6. Es kann eine externe Ausgabedatei mit dem FILE Befehl angegeben werden.
7. Die Daten einer SAS Datei können mit dem PUT Befehl in eine externe Datei geschrieben werden.
8. Der STOP Befehl beendet die Ausführung des DATA STEPS sofort.
9. Der DATA STEP wird durch einen RUN Befehl, einen weiteren DATA STEP oder einen PROC STEP begrenzt.

Eine ganze Menge, was wir da schon wissen. Was Sie noch nicht wissen: Man kann im DATA STEP sogar programmieren. Der DATA STEP kann, richtig eingesetzt, eine ganze Menge. Betrachten wir, um ein wenig mehr Verständnis für die Möglichkeiten des DATA STEPS zu bekommen, einmal an Hand einiger Beispiele sein internes Verhalten.

Beispiel 1 (3.5.1):

```
DATA WORK.TEST;
    INPUT VORNAME $ NAME $ ALTER;
CARDS;
Hans Klein 20
Karl Groß 24
Peter Peters XX
Hugo Hansen 21
;
RUN;
```

Wenn wir das Beispiel STEP 1 ausführen, wird als erstes die Datei WORK.TEST angelegt, bzw. überschrieben, falls sie bereits existiert. Als zweites wird ein Speicherbereich angelegt, in dem, in der Reihenfolge wie Sie im DATA STEP genannt werden, die Variablennamen und Attribute sowie zwei vom DATA STEP automatisch verwaltete Variablen abgelegt werden. Dieser Speicherbereich nennt sich PDV (Program Data Vector) und ist wie eine Tabelle aufgebaut. Diese Tabelle sieht für unser Beispiel Step wie folgt aus:

Variable	Typ	Länge	Format	Informat	akt. Wert
VORNAME	$	8			
NAME	$	8			
ALTER	Num	8			
_N_	Num	8			
ERROR	Num	8			

Die Informationen VARIABLE, TYP, LÄNGE, FORMAT und INFORMAT werden sofort in der Dateibeschreibung abgelegt. Die Variablen _N_ und _ERROR_ sind die erwähnten automatisch angelegten Variablen, die nicht mit abgespeichert werden. Die Variable _N_ beinhaltet immer, wie oft der DATA STEP bereits durchlaufen wurde. _ERROR_ ist normalerweise 0, wenn ein Fehler im DATA STEP auftritt 1. Beide Variablen sind im DATA STEP abfragbar, dies werden wir aber in einem anderen Beispiel tun. Gehen wir davon aus, daß wir bis zu dieser Stelle gekommen sind. Der DATA STEP beginnt jetzt, die Eingabe-Datensätze zu lesen. Die Datenwerte werden zuerst in den PDV gelesen und am Ende des DATA STEPS (also beim RUN Befehl), falls nicht vorher ein OUTPUT Befehl gefunden wurde, in die Ausgabedatei geschrieben. Der PDV würde sich in diesem Beispiel wie folgt verändern (etwas verkürzt):

1. Datensatz

Variable	...	akt. Wert
VORNAME	...	Hans
NAME	...	Klein
ALTER	...	20
_N_	...	1
ERROR	...	0

-> AUSGABE in WORK.TEST

2. Datensatz

Variable	...	akt. Wert
VORNAME	...	Karl
NAME	...	Groß
ALTER	...	24
_N_	...	2
ERROR	...	0

-> AUSGABE in WORK.TEST

3. Datensatz

Variable	...	akt. Wert
VORNAME	...	Peter
NAME	...	Peters
ALTER	...	.
_N_	...	3
ERROR	...	1

-> AUSGABE in WORK.TEST

4. Datensatz

Variable	...	akt. Wert
VORNAME	...	Hugo
NAME	...	Hansen
ALTER	...	21
_N_	...	4
ERROR	...	0

-> AUSGABE in WORK.TEST

Wie Sie sehen, ist beim dritten Datensatz ein Fehler aufgetreten: Der als numerisch erwartete Wert für das Alter war „XX", also alphanumerisch, und somit falsch. Die Variable _ERROR_ wird auf 1 gesetzt, die Variable ALTER auf „missing Value", also fehlenden Wert. Ein fehlender Wert wird in der Datei als physikalisch kleinster darstellbarer Wert abgelegt, ist also nicht gleich Null, sondern kleiner als Null. Bei numerischen Variablen wird ein fehlender Wert durch einen Punkt ausgedrückt, bei alphanumerischen Variablen als Leerzeichen. Der DATA STEP wäre nach dem vierten Datensatz beendet, und die erstellte SAS Datei WORK.TEST würde wie folgt aussehen:

VORNAME	NAME	ALTER
Hans	Klein	20
Karl	Groß	24
Peter	Peters	.
Hugo	Hansen	21

Beispiel 2:

Führen wir uns jetzt vor Augen, daß alle Werte des PDV im DATA STEP abfragbar sind. Dies wollen wir gleich mal versuchen. Dazu stehen uns die Befehle IF, THEN, ELSE und DO zur Verfügung. Diese Befehle werden wir gleich mit diesem Beispiel erklären. Das Beispiel Step sieht wie folgt aus (3.5.2):

```
DATA WORK.TEST;
    INPUT VORNAME $ NAME $ ALTER;
    IF _ERROR_=1 THEN DO;
    PUT 'FEHLER !';
    PUT 'Datensatz Nummer ' _N_;
    END;
CARDS;
Hans Klein 20
Karl Groß 24
Peter Peters XX
Hugo Hansen 21
;
RUN;
```

Dieses Beispiel kommt Ihnen (zu Recht) bekannt vor. Die Neuerung hier ist eine Abfrage, die bei einem Einlesefehler eine Meldung im LOG Fenster produziert. Dies geschieht durch die neu eingefügten Befehle

```
IF _ERROR_=1 THEN DO;
    PUT 'FEHLER !';
    PUT 'Datensatz Nummer ' _N_;
END;
```

Wörtlich übersetzt ist dieser Block am besten zu erklären: WENN (die Variable) _ERROR_ = (gleich) 1 (ist), DANN TUE (folgendes:) SCHREIBE „FEHLER !". SCHREIBE „Datensatz Nummer „ (und den Wert von) _N_. ENDE (das ist alles). Und genau das tut diese Abfrage auch. Wie schon im vorherigen Beispiel gesehen, wird die Variable _ERROR_ beim dritten Datensatz auf 1 gesetzt, weil der Wert für das Alter dort unerwarteter Weise alphanumerisch statt numerisch ist. Also produziert der DATA STEP im LOG-Fenster folgende Meldung: FEHLER ! Datensatz Nummer 3. Somit sind wir informiert. Wir haben einfach den Wert der automatischen Variablen _ERROR_ abgefragt, und mit dem bereits bekannten PUT Befehl eine Meldung generiert (wenn keine Ausgabedatei mit dem FILE Befehl im DATA STEP angegeben ist, schreibt der PUT Befehl in das LOG-Fenster) und den Wert der automatischen Variablen _N_ ausgegeben. Um die Erklärung zu vollenden, hier noch die komplette Syntax der neuen Befehle:

IF [Bedingung] THEN [DO;]
        [Befehl(e)];
[END;]
[ELSE] [DO;]
        [Befehl(e)];
[END;]

Ein „DO-END" Block wird nur benötigt, wenn mehr als ein Befehl im THEN- oder ELSE-Zweig ausgeführt werden soll. Ansonsten: Helfen Sie sich mit der wörtlichen Übersetzung. Beispiele hierfür:

```
IF FARBE="GRÜN"  THEN WERT=1;
                      ELSE WERT=0;
```
oder:
```
IF WERT > 100 THEN DO;
    NEU=WERT*100/3;
    WERT=WERT-1;
END;
ELSE DO;
    NEU=WERT/100*3;
    WERT=WERT+1;
END;
```

Als Bedingung für eine IF-Abfrage können natürlich auch Kombinationen gelten. Dann verwendet man die UND- bzw. ODER-Verkettung, wie wir sie aus der Mengenlehre kennen:

IF VORNAME="HANS" AND NACHNAME="HANSEN" THEN ...
oder
IF ALTER=10 OR ALTER=11 THEN ...

Das soll nun aber zur IF-Abfrage reichen. Wenden wir uns wieder dem eigentlichen Thema zu, nämlich den DATA STEP-Interna. Wir haben uns den PDV-Aufbau für einen DATA STEP mit einem INPUT Befehl angesehen, wo sehr deutlich sichtbar ist, in welcher Reihenfolge die Variablen auftauchen. Die nächsten beiden Beispiele beschäftigen sich mit den Fragen: Wie sieht das ganze beim SET Befehl aus und welchen Einfluß haben DROP/KEEP Dateioptionen ?

Beispiel 3 (3.5.3):

```
DATA WORK.TEST2;
    SET WORK.TEST;
    IF ALTER < 21 THEN JUNG="JA";
RUN;
```

Was passiert hier nun? Na ja, die Variablendefinitionen sind ja mit der SAS Datei abgelegt, somit werden diese auch direkt in den PDV überführt, sobald der DATA STEP zum ersten Mal über einen SET Befehl stolpert. Falls davor neue Variablen definiert werden, kommen natürlich diese zuerst in den PDV. In unserem Beispiel wird die neue Variable allerdings erst nach dem SET Befehl angelegt, steht also nach den alten Variablen im PDV. Bildlich gesehen also wie folgt:

Variable	Typ	Länge	Format	Informat	akt. Wert
VORNAME	$	8			
NAME	$	8			
ALTER	Num	8			
JUNG	$	8			
_N_	Num	8			
ERROR	Num	8			

Ist doch alles kein Problem, oder ? Wie sieht die neue Datei WORK.TEST2 denn aus, wenn der DATA STEP gelaufen ist:

VORNAME	NAME	ALTER	JUNG
Hans	Klein	20	JA
Karl	Groß	24	
Peter	Peters	.	JA
Hugo	Hansen	21	

Soweit alles klar, übersehen Sie aber nicht, daß auch für „Peter Peters" der Wert „JA" für die Variable JUNG vergeben wurde, obwohl das Alter „missing Value" ist. Die Abfrage war jedoch eindeutig: Setze für die Variable JUNG den Wert „JA", wenn das Alter kleiner als 21 ist. Da

„missing Value" der kleinste darstellbare Wert, also sogar kleiner als Null ist, wird die Abfrage hier erfolgreich durchgeführt. Immer drauf aufpassen ! Falls Sie dieses nicht wollten, müßten Sie die Abfrage wie folgt formulieren:

IF ALTER > . AND ALTER < 21 THEN JUNG="JA";

Somit wäre nur „Hans Klein" in den Kreis der jungen Leute aufgenommen.

Beispiel 4 (3.5.4):

```
DATA WORK.TEST2;
    SET WORK.TEST(DROP=ALTER);
    IF ALTER < 21 THEN JUNG="JA";
RUN;
```

Aua, Aua, Aua ! Sehen Sie sich diesen DATA STEP an ! Dieser Step würde folgendes Ergebnis produzieren:

1. Im LOG Window die Nachricht: „NOTE: Variable ALTER is uninitialized !" und
2. Die Datei würde wie folgt aussehen:

VORNAME	NAME	ALTER	JUNG
Hans	Klein	.	JA
Karl	Groß	.	JA
Peter	Peters	.	JA
Hugo	Hansen	.	JA

Jetzt fragen Sie nicht, warum das so ist. Ist doch klar ! Na gut, für Sie noch einmal: Durch die DROP Dateioption im SET Befehl wird die Variable ALTER gar nicht in den PDV gelesen. Da aber die Variable ALTER in der IF-Abfrage auftaucht, wird Sie am Ende des PDV als neue Variable angelegt, bekommt jedoch immer als Wert „missing Value". Und jetzt noch einmal die Abfrage: Wenn der Wert von ALTER kleiner 21 ist, dann setzte den Wert der Variablen JUNG auf „JA". Und wie schon erklärt, ist „missing Value" kleiner als Null, also erst recht kleiner als 21. Und da ALTER bei jedem Datensatz als Wert „missing Value" hat, wird auch bei jedem Datensatz JUNG auf „JA" gesetzt. Wenn Sie nun wirklich die Variable ALTER nicht mit in die Ausgabedatei übernehmen, aber trotzdem auf Ihren Wert abfragen wollen, müssen Sie die DROP Dateioption bei der Ausgabedatei angeben, also (3.5.5):

```
DATA WORK.TEST2(DROP=ALTER);
   SET WORK.TEST;
   IF ALTER < 21 THEN JUNG="JA";
RUN;
```

Jetzt klar, gell? Super! Dann sind Sie ja fast schon ein DATA STEP Programmierer. Um das Ganze jetzt ein wenig zu festigen: Üben, Üben, Üben !

3.5.2 Verketten von SAS Dateien

Da Sie jetzt den DATA STEP völlig beherrschen, stellen Sie sich folgendes vor: Ihr Kollege und Sie haben zwei ähnliche Dateien, die Sie gerne zu einer zusammenfassen würden, um eine Auswertung des kompletten Datenbestands zu erstellen. Sie müssen also diese zwei Dateien miteinander kombinieren. Wie geht so etwas von statten? Genau das ist das Thema dieses Abschnittes. Schauen wir uns erst einmal den Aufbau der beiden Dateien an:

A. Ihre Datei
Name: SASUSER.ADRESSEN
Var.:   NAME $
            VORNAME $
            STRASSE $
            PLZ   N
            ORT $
            TELEFON $

B. Die Datei Ihres Kollegen
Name: DISKETTE.ADDR
Var.:   NAME $
            VORNAME $
            STRASSE $
            PLZ   N
            ORT $
            LAND $

Wie Sie sehen, hat Ihr Kollege noch das Land erfaßt, dafür keine Telefonnummer mit aufgenommen. Macht aber nichts. Sie wollen die

Dateien jetzt miteinander verketten. Bildlich vorgestellt würde das so aussehen:

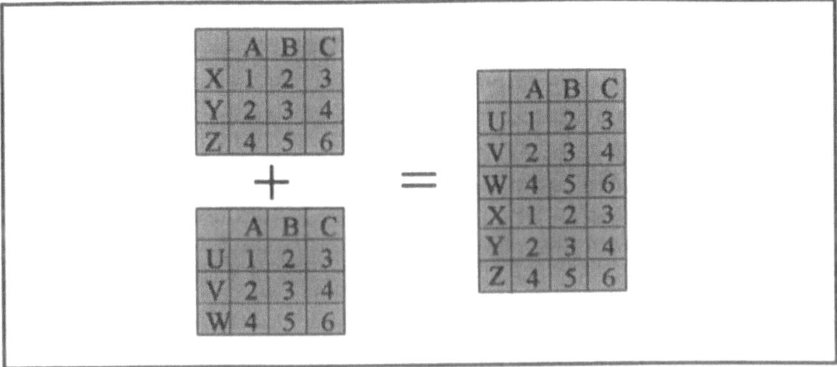

Dazu benutzen wir nur bekannte Befehle, nämlich den DATA Befehl und den SET Befehl. Ja, das ist schon alles. Sie können Dateien verketten, indem Sie im SET Befehl einfach die zu verkettenden Dateien hintereinander angeben. So könnte unser DATA STEP also wie folgt aussehen (Beispiel 3.5.6):

```
DATA SASUSER.GESAMT;
     SET SASUSER.ADRESSEN DISKETTE.ADDR;
RUN;
```

Die Struktur der Datei SASUSER.GESAMT wäre dann:

```
Name:       SASUSER.GESAMT
Var.:       NAME            $
            VORNAME         $
            STRASSE         $
            PLZ             N
            ORT             $
            TELEFON         $
            LAND            $
```

Verständlicherweise haben die Datensätze mit den Adressen aus Ihrer Datei keinen Wert für das Feld LAND und die Datensätze aus der Datei Ihres Kollegen keine Werte für das Feld TELEFON. Wenn Sie wissen wollen, warum dem so ist: Erinnern Sie sich an den PDV! Übrigens: Im SET Befehl können Sie bis zu einhundert (100) Dateien angeben und miteinander verketten!

3.5.3 Mischen von SAS Dateien

Mischen, Mischen, Mischen,... Nein, wir spielen jetzt nicht Skat mit Ihnen. Dazu bräuchte man nämlich drei Personen, und wir sind nur zu zweit. Wie ärgerlich! Obwohl, wenn wir Artur mitzählen... Aber gut, wenn wir schon keine Karten zum Mischen haben, dann nehmen wir halt SAS Dateien. Auch dafür haben wir ein Beispiel parat! Sie haben doch zwei schöne SAS Dateien, nämlich SASUSER.PERSONEN und SASUSER.ADRESSEN. In beiden Dateien haben Sie den Nach- und Vornamen Ihrer F-B-V-N. Jetzt brauchen wir wieder Ihre Phantasie: Sie wollen (jawohl, Sie haben jetzt zu wollen) die Information aus diesen beiden Dateien zusammenfassen, also einen kompletten Datensatz pro Person erstellen, der folgende Informationen beinhaltet:

Name:	SASUSER.KOMPLETT	
Var.:	NAME	$
	VORNAME	$
	STRASSE	$
	PLZ	N
	ORT	$
	TELEFON	$
	GEBDAT	N
	GROESSE	N
	GEWICHT	N
	GESCHL	$
	KURZNAME	$

Nun, verfolgen wir dieses Ziel. Fertigen wir uns doch wieder einmal eine Skizze an, wie diese Operation vor sich gehen könnte (Skizze 3.23):

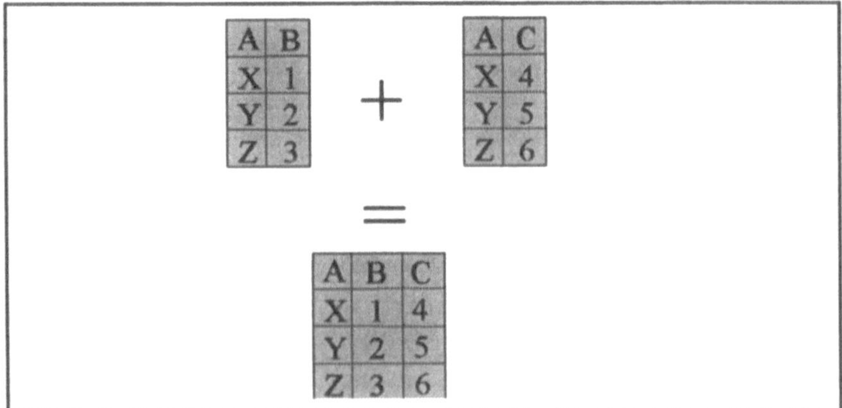

Ah ja, ein Wunder wird also verlangt. Die Dateien sollen sich automatisch vereinen. Von wegen! Da müssen wir schon selber Hand anlegen. Das geht leider nicht ohne die Kenntnis eines neuen SAS Befehls: MERGE.

Wie sinnig! Übersetzt heißt MERGE Mischen. Aber so ist das nun mal in Programmiersprachen der vierten Generation. Sie sind ziemlich stark an die Umgangssprache angelehnt. Wenden wir uns nun dem MERGE Befehl genauer zu. Zuerst die Syntax:

MERGE [SAS-Datei 1] [SAS-Datei 2] ;

Soweit zum MERGE Befehl. Versuchen wir jetzt, die Dateien miteinander zu kombinieren. Der DATA STEP müßte ja nach unseren jetzigen Kenntnissen wie folgt lauten (Beispiel 3.5.7):

```
DATA SASUSER.KOMPLETT;
    MERGE SASUSER.PERSONEN SASUSER.ADRESSEN;
RUN;
```

Dann sehen Sie sich mal das Ergebnis dieses Programms an, wenn Sie es so abschicken würden:

OBS	NAME	VORNAME	GEBDAT	GROESSE	GEWICHT	GESCHL.	KURZNAME
1	Gans	Gunda	2556	65	15	W	Gunda
2	Hase	Waldemar	2024	70	12	M	Waldi
3	Herbie	Bubi	-1657	150	110	M	Harry
4	Hirsch	Harry	4394	120	30	M	Günni
5	Nasenbär	Günter	-672	90	3	M	Mühli
6	Mühlmaus	Walter	.	.	.		

OBS	STRASSE	ORT	TELEFON	PLZ	TEL
1	Hofweg	Berlin	030-151617	1000	
2	Bauallee	Hamburg	040-444444	2000	
3	Emiliaweg 11	Walddorf	030-151617	6969	06666/62222
4	Waldstraße	Frankfurt	069-123456	6000	
5	Tannenweg	Heidelberg	06221-999999	6900	
6	Grabengassse	München	089-081500	8000	

Schön, genau das, was wir erhofft hatten. Da haben wir aber Glück gehabt! Warum? Wenn wir etwas genauer hinsehen, kommen wir vielleicht darauf. Aber natürlich! Wir wollen zwei Dateien *qualifiziert* mischen, sagen dem DATA STEP aber nicht, welches die Variablen sind, die als Kriterium für die Zusammenführung der einzelnen Datensätze gelten. Wenn wir dies nicht tun, wird die erste angegebene Datei mit der zweiten angegeben Datei „überschrieben". Also müssen wir das natürlich nachholen, und dafür gibt es auch einen Befehl: Den BY Befehl.

Dieser Befehl ist Ihnen im Abschn. 3.4.4 schon einmal über den Weg gelaufen, dort allerdings im Zusammenhang mit der Prozedur PROC SORT. Und selbstverständlich besteht ein Zusammenhang zwischen dem BY Befehl im PROC SORT und im DATA STEP beim Mischen von SAS Dateien. Die Syntax des BY Befehls lautet:

BY [Variable] [Variable ... Variable];

Und jetzt eine goldene Regel: Immer wenn Sie auf den BY Befehl außerhalb von PROC SORT treffen, muß die Datei, die Sie verwenden, nach den im BY Befehl angegeben Variablen sortiert sein oder es muß ein Index für diese Variablen definiert sein. Falls das nicht der Fall ist, wird Ihnen jede Prozedur oder der DATA STEP die Meldung geben:

„ERROR: BY-Variables are not properly sorted !"

Tja, da wir jetzt den BY Befehl für ein *qualifiziertes* Mischen der Dateien benötigen, müssen wir sie also erst sortieren. Jetzt können wir den MERGE durchführen, und zwar unter Angabe des BY Befehls (Beispiel 3.5.8):

```
PROC SORT DATA=SASUSER.PERSONEN;
    BY NAME VORNAME;
PROC SORT DATA=SASUSER.ADRESSEN;
    BY NAME VORNAME;
RUN;
DATA SASUSER.KOMPLETT;
    MERGE SASUSER.PERSONEN SASUSER.ADRESSEN;
    BY NAME VORNAME;
RUN;
```

Die Ergebnisdatei SASUSER.KOMPLETT würde jetzt so aussehen:

OBS	NAME	VORNAME	GEBDAT	GROESSE	GEWICHT	GESCHL	KURZNAME
1	Gans	Gunda	2556	65	15	W	Gunda
2	Hase	Waldemar	2024	70	12	M	Waldi
3	Herbie	Bubi	.	.	.		
4	Hirsch	Harry	-1657	150	110	M	Harry
5	Nasenbär	Günter	4394	120	30	M	Günni
6	Wühlmaus	Walter	-672	90	3	M	Wühli

OBS	STRASSE	ORT	TELEFON	PLZ	TEL
1	Hofweg	Berlin	030-151617	1000	
2	Bauallee	Hamburg	040-444444	2000	
3	Emiliaweg 11	Walddorf	030-151617	6969	06666/62222
4	Waldstraße	Frankfurt	069-123456	6000	
5	Tonnenweg	Heidelberg	06221-999999	6900	
6	Grabengassse	München	089-081500	8000	

Stellen wir noch einmal beide Möglichkeiten des MERGE dar und geben ihnen Namen:

Möglichkeit 1: MERGE ohne BY

Dies bringt ein merkwürdiges Ergebnis: gleiche Variablen der ersten angegebenen Datei werden mit denen der zweiten angegeben Datei „überschrieben". Schematisch dargestellt sieht eine solche Verbindung wie folgt aus:

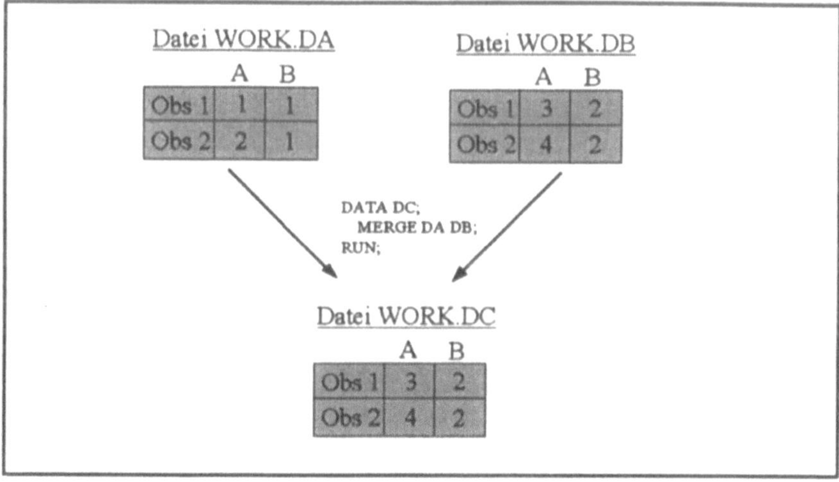

Möglichkeit 2: MERGE mit BY
Der Name für diese Variante ist „Eins-zu-Eins"-Verbindung. Auch hierfür eine schematische Darstellung:

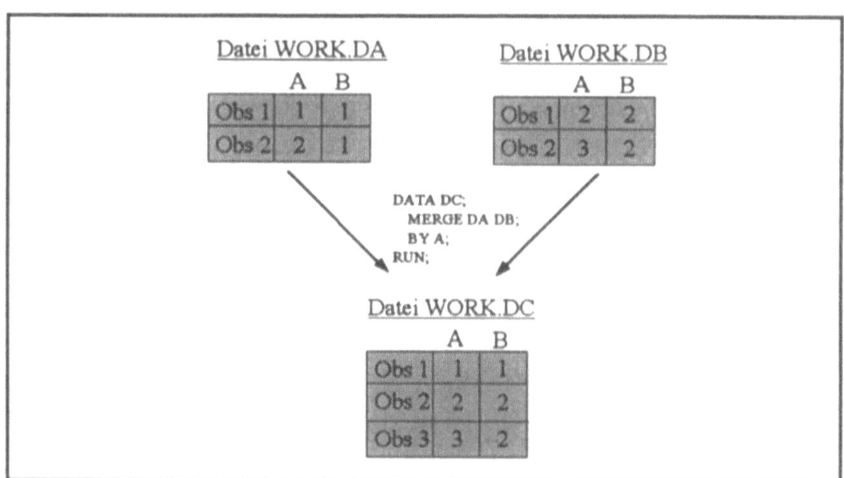

Für den MERGE Befehl werden Sie sicherlich viele interessante Einsatzbereiche finden.

3.5.4 Update von SAS Dateien

Aus Vollständigkeitsgründen fügen wir jetzt noch die Beschreibung des UPDATE Befehls an, der allerdings nur noch selten verwendet wird. Der UPDATE Befehl wird dann gebraucht, wenn Sie eine Bestandsdatei mit einer Bewegungsdatei aktualisieren wollen, wie es in der nachfolgenden Skizze dargestellt wird:

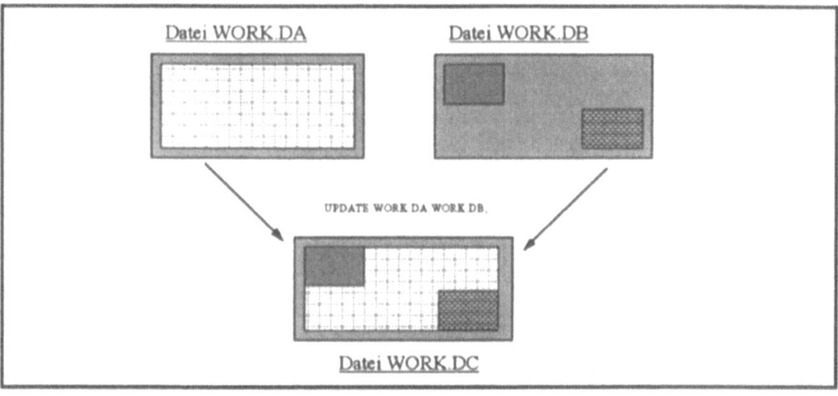

Update Beispiel (kleine Karos, große Karos)

Wie Sie sehen, hat die Bestandsdatei DATEN.BESTAND als Identifikation eine Produktnummer und beinhaltet des weiteren Informationen über den Produktnamen, die derzeit verfügbare Menge und die Anzahl der Bestellungen für die einzelnen Artikel. Die Bewegungsdatei beinhaltet nur die ID-Nummer, den IST-Bestand und die Bestellungen. Für fünf Artikel haben sich die Daten verändert und jetzt soll ein Abgleich der Dateien nach der Produktnummer geschehen. Die Syntax für den UPDATE Befehl ist generell:

UPDATE [Bestandsdatei] [Bewegungsdatei];
BY [Schlüsselvariablen];

Der UPDATE Befehl verlangt immer einen BY Befehl und die Angabe von exakt zwei Dateien. Der DATA STEP für unser Beispiel würde sich wie folgt zusammensetzen:

```
DATA DATEN.BESTAND;
     UPDATE DATEN.BESTAND TAG.BEWEGUNG;
     BY PROD_ID;
RUN;
```

```
DATA DATEN.BESTAND;
    UPDATE DATEN.BESTAND TAG.BEWEGUNG;
    BY PROD_ID;
RUN;
```

Somit wäre die Bestandsdatei geändert und folgendes Bild würde entstehen:

```
OBS   NAME        VORNAME    GEBDAT    GROESSE    GEWICHT    GESCHL    KURZNAME

 1    Gans        Gunda       2556       65         15         W       Gunda
 2    Hase        Waldemar    2024       70         12         M       Waldi
 3    Herbie      Bubi          .          .          .
 4    Hirsch      Harry      -1657      150        110         M       Harry
 5    Nasenbär    Günter      4394      120         30         M       Günni
 6    Wühlmaus    Walter      -672       90          3         M       Wühli

OBS   STRASSE         ORT          TELEFON         PLZ         TEL

 1    Hofweg          Berlin       030-151617      1000
 2    Bauallee        Hamburg      040-444444      2000
 3    Emiliaweg 11    Walddorf     030-151617      6969      06666/62222
 4    Waldstraße      Frankfurt    069-123456      6000
 5    Tonnenweg       Heidelberg   06221-999999    6900
 6    Grabengassse    München      089-081500      8000
```

Liste DATEN.BESTAND.

Eine Eigenheit, die den UPDATE Befehl vom MERGE Befehl unterscheidet, ist, daß die fehlenden Werte („missing Values") der Bewegungsdatei beim Aktualisieren ignoriert werden. Das heißt, daß die Originalwerte in der Bestandsdatei nicht überschrieben werden. Ein sehr wertvolles Feature des UPDATE Befehls. Soweit jedoch auch hierzu.

3.5.5 Tips & Tricks

Wir können Ihnen wie immer stundenlang Tips & Tricks ans Herz legen. Tun wir aber nicht. Nein, wir entscheiden uns. Wenn Sie wüßten, wie schwer das fällt... – so viele Dinge, die berichtenswert wären, aber nein, nur ein Tip, ein Trick pro Sektion. Es sind harte Kämpfe, die wir mit uns für Sie führen. Aber wir haben es wieder einmal geschafft, zu einem Kompromiß zu kommen, gell, Artur ?

Wir wollen Ihnen die IN-Option beim MERGE vorstellen. Mit dieser Option können Sie einfach herausfinden, ob in beiden Dateien der gleiche Schlüssel gefunden wurde und entsprechend weiter verfahren. Stellen wir uns der Einfachheit halber wieder einmal zwei kleine Datenbestände vor: Bestand und Bewegung. Sie haben einen Bestand der zwei Produkte SCHRAUBE und MUTTER, die jeweils in einer gewissen Stückzahl vorrätig sind. Sie bekommen dazu eine Bewegungsdatei mit neuen Bestandszahlen. Nun fällt z.B. auf, daß ein neues Produkt in der Bewegungsdatei auftritt, nämlich der NAGEL. Dieses Produkt soll aber nicht in die Bestandsdatei aufgenommen werden. Um dies zu verhindern, verwenden wir die IN-Option bei denen im MERGE-Befehl angegebenen Dateien. Mit der IN-Option wird eine Variable angegeben, die als Wert entweder 1 oder 0 beinhaltet. Der Wert ist 1, wenn ein Schlüssel aus der Datei gelesen wurde bzw. ein korrespondierender Schlüssel (bei der zweiten Datei) gefunden wurde. Der Wert ist 0, wenn kein Schlüssel gefunden wurde.

Nun stellen wir für unser Beispiel die Regel auf, daß nur ein Datensatz geschrieben wird, wenn der Schlüssel aus der Bestandsdatei kommt. Wenn ein Schlüssel in der Bewegungsdatei auftritt, der in der Bestandsdatei nicht vorhanden ist, dann soll im LOG-Fenster eine Warnung ausgegeben werden. Also: Das Programm (Beispiel 3.5.9).

```
DATA BESTAND;
    INPUT PRODUKT $ ANZAHL ;
CARDS;
SCHRAUBE 1000
MUTTER 1300
RUN;

DATA BEWEGUNG;
    INPUT PRODUKT $ ANZAHL;
CARDS;
SCHRAUBE 1250
NAGEL 3900
RUN;

PROC SORT DATA=BESTAND;
    BY PRODUKT;
PROC SORT DATA=BEWEGUNG;
    BY PRODUKT;
RUN;

DATA ERGEBNIS;
    MERGE BESTAND(IN=BEST) BEWEGUNG(IN=BEWE);
    BY PRODUKT;
    IF BEST = 1 THEN OUTPUT; * ...also:
        ein Schlüssel aus der Bestandsdatei ;
    IF BEWE = 1 AND BEST = 0 THEN
        PUT "FEHLER: Unbekanntes Produkt
        PRODUKT in der Bewegungsdatei !";
RUN;
```

Tja, so ist es. Sie sehen, die IN-Option wird als Dateioption beim MERGE-Befehl angegeben. Die Variablen haben hier die Namen BEST und BEWE bekommen. Wenn in BEST ein Wert ist, dann bedeutet das: Ein Schlüssel aus dem DATE-BESTAND wurde gelesen und soll auf jeden Fall, ob nun ein Bewegungssatz gefunden wurde oder nicht, herausgeschrieben werden. Wenn BEWE =1 ist, BEST jedoch gleich Null ist, dann wurde in der Bewegungsdatei ein Schlüssel gefunden, den es im jetzigen Bestand nicht gibt. Alles klar? Na dann: Üüüüüüben!

4 Bearbeiten und Analysieren von Daten

In den vorherigen Kapiteln haben Sie etwas über die Fundamente des SAS-Systems und die ihm zu Grunde liegende „Philosophie" erfahren. Sie haben einen – vorläufig sicherlich noch flüchtigen – Eindruck von den Einsatzmöglichkeiten des Systems, und Sie haben bereits die beiden Dreh- und Angelpunkte allen Arbeitens mit SAS kennengelernt: Günter und die (SAS-)Datei.

In diesem Kapitel werden Sie sehen, wie Sie etwas über Inhalt und Aufbau einer Datei in Erfahrung bringen können (Abschn. 4.1). Sie werden Mechanismen der Datenverdichtung und -beschreibung kennenlernen, und sie werden mit den auf diese Weise produzierten Zahlen neue Datenbestände erstellen, die für die weitere Verarbeitung in SAS genutzt werden können.

4.1 Datenstrukturen

Datenstrukturen ist gut! Erst einmal Daten haben, die überhaupt analytisch verarbeitbar sind, und wenn es auch nur Summenbildungen sind. Haben wir aber nicht (oder möchten Sie die Summe der Postleitzahlen Ihrer Bekannten ermitteln). Wir müssen uns also einen solchen Datenbestand erstellen. Womit wir eigentlich doch beim Thema sind: Datenstrukturen! Was ist so besonders an diesem Wort, daß ein ganzer Abschnitt hierauf verwendet wird?

Geheimnisse gibt es keine, nur um sicherzustellen, daß wir „auf der gleichen Baustelle arbeiten", müssen wir einige Begriffe klären. In einem zu analysierenden Datensatz müssen zwei Zutaten vorhanden sein: Klassifizierungsvariablen und Analysevariablen. Klassifizierungsvariablen bestimmen die Gruppierung der zu ermittelnden Statistik, die Analysevariablen enthalten die statistisch zu bewertenden Zahlen. In einem Datensatz kann es natürlich viele Gruppierungskriterien geben. Ebenso kann es mehrere zu analysierende Faktoren geben. Zudem besteht noch die Möglichkeit, die zu ermittelnde Statistik nach einer weiteren Gruppierungsvariable zu gewichten. Diese Variable wird dann auch „Gewichtungsvariable" genannt.

Abgesehen von der Formulierung ist die Materie also ganz und gar untragisch. Einen Datensatz haben wir allerdings immer noch nicht. Damit wir etwas in der Hand haben, was für statistische, tabellarische oder grafische Auswertungen bzw. Listen relevant ist, stellen wir Ihnen jetzt einen DATA Schritt zur Verfügung, der eine SAS Datei folgenden Aufbaus erzeugt:

Variable	Typ	Inhalt
WARENGRP	Char	Warengruppennnamen
PRODUKT	Char	Produktnamen
DATUM	Num	SAS Datum des Absatzes/Umsatzes
ABSATZ	Num	Anzahl abgesetzter Produkte
UMSATZ	Num	erzielter Umsatz

Es werden also Absatz- bzw. Umsatzzahlen einer Firma in der Datei gespeichert. Die Zahlen für Absatz und Umsatz sind Monatssummen. Wir erzeugen die Datei mit zwei Warengruppen, METALL und PLASTIK. Innerhalb dieser Warengruppen gibt es die Produkte MUTTER und SCHRAUBE bei Metall, sowie TOPF und DECKEL bei Plastik. Führen Sie jetzt das Beispiel-DATA STEP 4.1.1 von der Demonstrationsdiskette aus. (Beispiel 4.1.1)

```
DATA SASUSER.UMSATZ;
     INPUT     @1    WARENGRP $10.
     +1    PRODUKT    $10.
     +1    DATUM      MONYY5.
     +1    ABSATZ     10.2
     +1    UMSATZ     10.2 ;
CARDS;
Metall    Mutter    JAN90     739.85     9248.13
Metall    Mutter    FEB90     680.35     8504.44
```

```
    .
    .      ...weitere Datensätze
    .
Plastik   Deckel    DEC91     562.91    354.03
Plastik   Deckel    JAN92     220.48    138.67
RUN;
```

Achten Sie gut auf Ihre Datei, denn jetzt fangen wir an, die darin enthaltenen Zahlen von vorne bis hinten zu analysieren, was schlicht soviel bedeutet wie „auseinandernehmen".

4.2 Erste Datenanalysen: Häufigkeitsauszählungen

Praktisch gesehen ist der technische Teil der Datenanalysen, also die SAS Programmierung, der weitaus weniger aufwendige Part. Mehr Aufwand macht die logische Vorbereitung der Daten, d. h., daß Sie sich Gedanken machen müssen, welche Daten in welcher Kombination eigentlich wie analysiert werden sollen, und daß nach Möglichkeit auch noch mit sinnvollen Ergebnissen.

Um deshalb einen einfachen Einstieg in die statistische Analyse unserer Daten zu bekommen, beginnen wir mit der Häufigkeitsauszählung. Hier ist es nicht sonderlich schwer, ein praktisches Einsatzbeispiel zu finden. Es ist z.B. einer der ersten Schritte bei der Datenanalyse, ein Mengengerüst zu ermitteln. Dies tun wir, um einen genaueren Überblick über die Struktur der zu analysierenden Daten zu bekommen und einen Eindruck über zu erwartende Ergebnismengen (z.B. bei Korrelationsanalysen, s. Abschn. 4.6.1) zu erhalten.

Für diese Aufgabe steht im SAS System z. B. die Prozedur FREQ zur Verfügung. Zum Beispiel sage ich jetzt, da Sie Häufigkeitsauszählungen genauso (bis zu einem gewissen Grad) mit der Prozedur TABULATE durchführen können. Diese werden Sie später bei der Datendarstellung (Berichte) kennenlernen. Die Prozedur FREQ ist primär für den Zweck entwickelt worden, Häufigkeiten zu ermitteln und darauf aufbauend Zusammenhänge zwischen einzelnen Variablen festzustellen.

Für letztere Funktion bietet sie die Berechnung spezieller statistischer Kennwerte auf der Basis der Chi-Quadrat (X^2) Statistik. Diesen Wert allein ermittelt PROC FREQ nach vier verschiedenen Verfahren: „Pearson chi-square", „Continuity-adjusted chi-square", „Likelihood-ratio chi-square", „Mantel-Haenszel chi-square". Grundlage ist in allen Fällen die Häufigkeitsauszählung anhand sog. Kreuztabellen.

Dies zeigt Ihnen bereits, daß noch eine Menge Funktionen im SAS System stecken, die wir hier nur gelegentlich streifen können (und wollen). Daß dies kein Statistiker-Buch ist, haben wir bisher ausreichend deutlich gemacht; trotzdem lernen Sie jetzt den leichten Umgang mit der Prozedur FREQ. Also, wie immer zuerst die generelle Syntax:

```
PROC FREQ DATA=[LIBNAME.SAS Datei] [ optionen ];
     BY variablen ;
     TABLES variable [ * variable-1 [ * variable-n ] ] [ / optionen ];
     WEIGHT variable ;
RUN;
```

Was Ihnen sicherlich bekannt sein sollte ist, wo man ein SAS Programm eingibt und was eine SAS Datei ist. Kommen wir also gleich zum Eingemachten, nämlich der Funktionsbeschreibung der einzelnen Befehle.

BY sollte Ihnen als Befehl nicht unbekannt sein. Sie wissen inzwischen, daß immer, wenn ein BY Statement verwendet wird, dies mit der Gruppierung Ihrer Daten zusammenhängt. Die Datei muß allerdings nach den im BY Befehl angegebenen Variablen sortiert sein. In unserem Fall der Häufigkeitsauszählung wird bei der Angabe von BY Variablen die Ausgabe nach dem Inhalt dieser Variablen gruppiert.

TABLES ist der zentrale Befehl der Prozedur FREQ. Hier bestimmen Sie, für welche Variablen eine Häufigkeitsauszählung stattfinden soll. Dies kann nicht nur eine ein-dimensionale Definition sein, sondern Sie möchten z.B. wissen, wie viele Datensätze Sie je Warengruppe für die einzelnen Produkte haben. Dies wäre bereits eine zwei-dimensionale Abfrage. Das Statement für diese Fragestellung wäre TABLES WARENGRP*PRODUKT. Zum TABLES Befehl können außerdem noch Optionen angegeben werden. Diese Optionen beziehen sich zum einen auf die Form der Ausgabe, zum anderen auf die ausgegebenen Werte. Bei mehr-dimensionelen Häufigkeitsauszählungen (Kreuztabellen) können statistische Koeffizienten ermittelt werden, wie z.B. die angesprochenen chi-square-Werte. Eine andere Möglichkeit wäre es, einige angezeigte Standard-Werte (wie z.B. die kumulierte Prozentzahl der Datengruppe) zu unterdrücken.

WEIGHT: Wenn Sie eine Häufigkeitsauszählung vornehmen, kann es sein, daß das sinnvollere Ergebnis durch eine Gewichtung der Daten erzielt wird. Ziel einer Gewichtungsvariablen ist es, Werte vergleichbar zu machen, also z.B. bei einem Datenbestand einer Versicherung die Frage zu stellen: „Wie viele Unfälle habe ich pro Geschäftsstelle" und die Werte dann zu vergleichen, würde ein verschobenes Ergebnisbild ergeben, weil dann mit 100 % Sicherheit die größten Geschäftsstellen die meisten Schäden zu melden haben. Also sollte diese Auszählung nach der Anzahl der versicherten Autos gewichtet (oder auch: normiert) werden, um ein eindeutiges Bild zu bekommen.

Soviel zu den Syntaxelementen, jetzt ein paar praktische Beispiele, an denen Sie sich vergehen können. Als erstes zählen wir einmal die Datensätze pro Produkt. Eine einfache Übung für Sie, oder? Die Syntax lautet wie folgt (Beispiel 4.2.1):

```
PROC FREQ DATA=SASUSER.UMSATZ;
     TABLES PRODUKT;
RUN;
```

Dieses doch sehr einfache Programm erzeugt eine ebenso einfache Liste, in der die Anzahl der Datensätze nach Ausprägungen der TABLES Variable, die Prozentzahl, die kumulierte Anzahl sowie die kumulierte Prozentzahl ausgegeben wird:

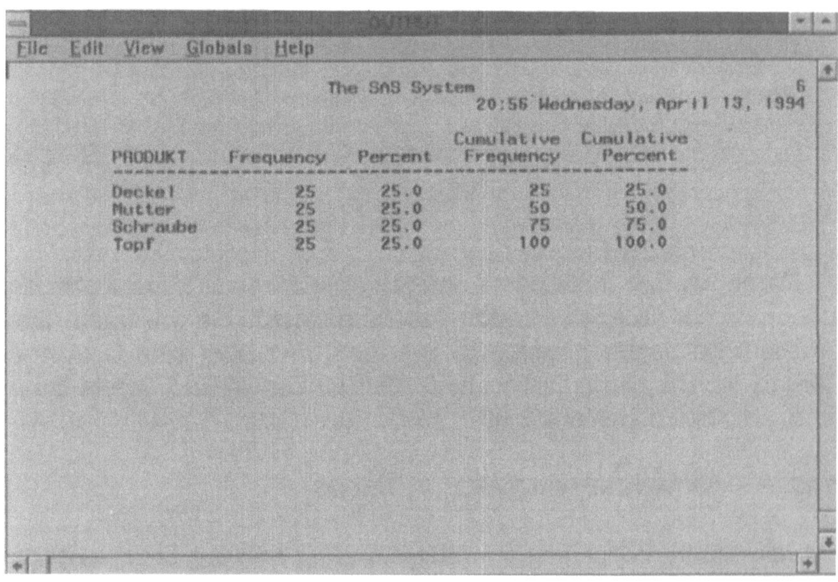

Ausgabe von PROC FREQ (Beispiel 4.31).

Um das ganze jetzt etwas zum komplizieren, geben Sie eine zweite Variable beim TABLES Befehl an, z.B. die Warenguppe WARENGRP. Verbinden Sie die beiden Variablen mit dem gültigen TABLES Trennzeichen, einem Stern, also wie folgt (Beispiel 4.2.2):

```
TABLES WARENGRP*PRODUKT;
```

Die jetzt entstandene Ausgabe ergibt die gleichen statistischen Werte, jedoch haben Sie jetzt eine Kreuztabelle geschaffen, die die Ausprägungen der ersten TABLES Variablen denen der zweiten gegenüberstellt. Dies sieht wie folgt aus:

```
                                                                    -  -
File  Edit  View  Globals  Help

                             The SAS System                           7
                                       20:56 Wednesday, April 13, 1994

                    TABLE OF WARENGRP BY PRODUKT

        WARENGRP       PRODUKT

        Frequency|
        Percent  |
        Row Pct  |
        Col Pct  |Deckel  |Mutter  |Schraube|Topf    |  Total
        ---------+--------+--------+--------+--------+
        Metall   |      0 |     25 |     25 |      0 |     50
                 |   0.00 |  25.00 |  25.00 |   0.00 |  50.00
                 |   0.00 |  50.00 |  50.00 |   0.00 |
                 |   0.00 | 100.00 | 100.00 |   0.00 |
        ---------+--------+--------+--------+--------+
        Plastik  |     25 |      0 |      0 |     25 |     50
                 |  25.00 |   0.00 |   0.00 |  25.00 |  50.00
                 |  50.00 |   0.00 |   0.00 |  50.00 |
                 | 100.00 |   0.00 |   0.00 | 100.00 |
        ---------+--------+--------+--------+--------+
        Total          25       25       25       25      100
                    25.00    25.00    25.00    25.00   100.00
```

Abb. 4.2.2

Damit wir den Statistiken / den Statistikern etwas näher kommen, geben wir für die eben erzeugte Tabelle zusätzlich die chi-square-Werte aus. Wie bereits angemerkt, geschieht dies über eine Option im TABLES Befehl. Diese Option heißt CHISQ. Der TABLES Befehl lautet jetzt wie folgt (Beispiel 4.2.3):

TABLES WARENGRP*PRODUKT / CHISQ;

Die chi-square-Werte werden jetzt auf einer zweiten Seite ausgegeben. Da Sie die Kreuztabelle schon kennen, hier nur die Ergebniswerte der Statistikfunktion:

```
                    The SAS System                            9
                              20:56 Wednesday, April 13, 1994

        STATISTICS FOR TABLE OF WARENGRP BY PRODUKT

  Statistic                      DF      Value        Prob
  -----------------------------------------------------------

  Chi-Square                      3     100.000       0.000
  Likelihood Ratio Chi-Square     3     138.629       0.000
  Mantel-Haenszel Chi-Square      1       0.000       1.000
  Phi Coefficient                         1.000
  Contingency Coefficient                 0.707
  Cramer's V                              1.000

  Sample Size = 100
```

Abb. 4.2.3

Üben Sie jetzt ein wenig den Umgang mit der Prozedur
FREQ, bevor wir uns den Basis-Statistiken zuwenden.
Schlagen Sie hierzu auch ein wenig in der Syntax-
definition nach, um zusätzliche Optionen zum TABLES
Befehl herauszukriegen, und probieren Sie diese auch mit
Ihren eigenen Daten aus.

4.3 Basisstatistiken im DATA STEP

Statistik, oh du Statistik. Wie heißt es doch so schön: „Traue nie einer
Statistik, die Du nicht selbst gefälscht hast". Davon (vom Fälschen) sind
wir allerdings noch etwas entfernt. Erst einmal müssen Sie die Statistiken ermitteln können, ehe... – nein, ich habe nichts gesagt! Statistiken
fälschen, sowas aber auch.

Gehen wir also ran an die Basisstatistiken. Diese können (wie ich schon
sooooo oft gesagt habe) im SAS System auf mehrere verschiedene Arten ermittelt werden. Die erste Möglichkeit, die wir nur kurz anschnei-
den wollen, bietet der DATA STEP. Wie Sie bereits wissen, besitzen SAS
Dateien eine Tabellenstruktur mit Zeilen und Spalten. Der DATA STEP
ist eine Schleife, die standardmäßig jeden Eingabedatensatz (=Zeile)
einmal durchläuft. Zu unterscheiden sind zwei Modi der Statistik-
berechnung: Sie können einerseits Statistiken innerhalb eines Datensatzes ermitteln, zum anderen für eine Spalte über sämtliche Zeilen
einer Datei hinweg.

Für erstere Variante ein einfaches Beispiel: Sie haben eine Datei
WORK.JAHR mit einer Variablen für den Produktnamen (PRODUKT)
und drei Variablen für Jahresumsatzwerte (JAHR90-JAHR92). Sie können jetzt für jeden Datensatz z.B. den durchschnittlichen Umsatz und

die Standardabweichung errechnen. Außerdem können Sie für jedes Jahr die Gesamtsumme ermitteln. Der DATA STEP für diese Aufgabe würde sich wie folgt gestalten (Beispiel 4.3.1):

```
DATA WORK.AUSGABE;
    RETAIN SUM90 SUM91 SUM92 0;
    SET WORK.JAHR END=EOF;
    STDABW   = STD (JAHR90,JAHR91,JAHR92);
    MITTEL   = MEAN (JAHR90,JAHR91,JAHR92);
    SUM90 + JAHR90;
    SUM91 + JAHR91;
    SUM92 + JAHR92;
    IF EOF = 1 THEN
        PUT SUM90= SUM91= SUM92=;
RUN;
PROC PRINT DATA=WORK.AUSGABE;
    ID PRODUKT;
    VAR STDABW MITTEL;
RUN;
```

Ergebnisse dieser beiden Schritte sind zum einen im LOG-Fenster die Summen für die Jahre 90-92, sowie eine Liste im OUTPUT Fenster, die das Mittel und die Standardabweichung pro Produkt angeben.

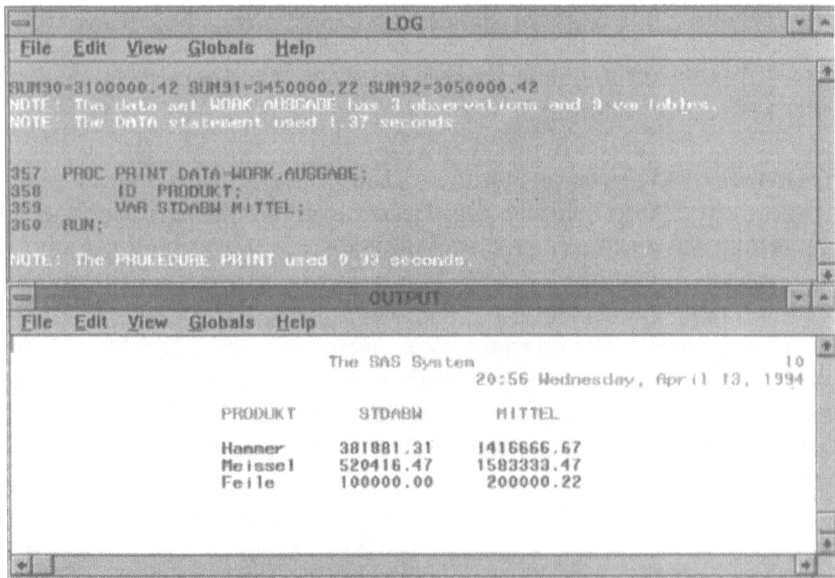

Ausgabe von DATA STEP (Beispiel 4.3.1).

Die Neuerungen in diesem DATA STEP, die Sie noch nicht kennen:

END= Option im SET Befehl

Hinter dieser Option geben Sie einen Variablennnamen an, z.B. wie oben die Variable EOF. Wenn der letzte Datensatz gelesen wurde, wird der Wert der angegebenen Variablen auf 1 gesetzt. So können Sie einfach abfragen, wann der DATA STEP zu Ende ist und dementsprechend Aktionen durchführen. In unserem Beispiel geben wir mit dem PUT Befehl die ermittelten Gesamtsummen aus.

STD()-Funktion
Funktion zum Ermitteln der Standard-Abweichung.

MEAN()-Funktion
Funktion zum Ermitteln des Mittelwertes.

SUMnn+JAHRnn
Diese Art der Summierung ohne Angabe einer Ergebnis-Variablen ist nur eine Vereinfachung der Schreibweise (was für Faulpelze sind doch diese Programmierer!). Der gesamte Ausdruck lautet eigentlich: SUMnn=SUMnn+JAHRnn, wobei nn die Jahreszahl ist.

So, das wär's. Alles andere sollten Sie kennen. Ansonsten haben Sie mal wieder geschummelt und nicht anständig geübt. Sei's drum, ich habe es Ihnen ans Herz gelegt. Jetzt weiter im Text.

Die Möglichkeit, im DATA STEP Statistiken zu berechnen, sollten Sie auf die Datensatzebene beschränken. Hier gibt es über die beiden jetzt gesehenen Funktionen STD() und MEAN() hinaus noch weitere, die Sie aus dem SAS LANGUAGE GUIDE erfahren. Wenn es allerdings darum geht, Statistiken über die logische „Grenze" des Datensatzes (der Zeile) hinaus zu bilden, stehen Ihnen mächtige Prozeduren zur Verfügung, die wir uns jetzt der Reihe nach anschauen werden.

4.4 Basisstatistiken mit Prozeduren erzeugen

Wir werden uns darauf beschränken, Ihnen die generelle Funktionalität von SAS Prozeduren im Bereich der deskriptiven Statistiken zu erläutern. Da das SAS System, wie jetzt bereits zum 3198sten mal erwähnt, ursprünglich aus dem Bereich der Statistik kommt, gibt es n-tausend Möglichkeiten und Optionen, um über diesen Bereich hinaus Daten zu analysieren. Mit den Grundprinzipien, die Sie hier kennenlernen, werden Sie dazu in der Lage sein (hoffen wir jedenfalls sehr). Wir werden uns jetzt in zwei kurzen Abschnitten der Summen- und Durchschnittsbildung widmen.

4.4.1 Summenbildung

Um Ihre Basisdaten zu summieren, würde, wie bereits gesehen, auch ein DATA STEP genügen. Einfacher und auch schneller ist der Aufruf einer SAS Prozedur in einem PROC STEP. Zur Bildung von Summen stehen Ihnen die Prozeduren MEANS und SUMMARY zur Verfügung. Beide Prozeduren beinhalten die absolut identische Funktionalität, werden jedoch (wenn auch sehr geringfügig) verschieden parametrisiert; die Namensgebung hat (wie vieles im SAS System) historische Gründe. Sehen wir uns nun quasi stellvertretend für beide die Prozedur MEANS an. Wie immer zuerst: Die Syntax.

```
PROC MEANS DATA=[LIBNAME.SAS Datei] [optionen] ;
      VAR variablen ;
      CLASS variablen ;
      ID variablen ;
      FREQ variable ;
      WEIGHT variable ;
      BY variablen ;
      OUTPUT [OUT=SAS Datei] [statistiken] ;
RUN;
```

Langsam wird Ihnen die Deutung dieser Programmstruktur leichter fallen. Nehmen wir die Prozedur auch zum Zweck der Wiederholung noch einmal von ganz vorne bis ganz hinten auseinander:

PROC MEANS ist der Aufruf der Prozedur. Durch die Angabe des Prozedurnamens weiß das SAS System, wie die nachfolgenden Parameter zu interpretieren sind und welche Funktionalität zur Verfügung gestellt werden soll. Man spricht hierbei vom SAS Supervisor, der die Prozedur erkennt und alle nötigen Schritte einleitet. Auf diesen Begriff werden Sie in der SAS eigenen Dokumentation häufiger stoßen.

DATA=[LIBNAME.SAS Datei] wäre also der erste Parameter, der der Prozedur übergeben wird. Hier geben wir der Prozedur bekannt, welcher Datenbestand analysiert werden soll. Dies geschieht in der Form, daß zuerst ein LIBNAME angegeben wird, also der logische Name einer SAS Dateibibliothek, und dann der eigentliche SAS Dateiname.

Die [optionen] geben der Prozedur bekannt, daß generell eine bestimmte Verhaltensweise erwünscht ist. Optionen sind größtenteils prozedurspezifisch. Es bestehen natürlich zwischen einzelnen Prozeduren funktionale Parallelen, sodaß einige Optionen häufiger anzutreffen sind. Im speziellen Fall der Prozedur MEANS gibt es eine Option namens NWAY, auf die wir später näher zu sprechen kommen. Merken Sie sich jetzt, daß NWAY eine sehr wichtige Option im PROC MEANS-Aufruf ist. Eine weitere wichtige Option ist NOPRINT. Mit dieser Option wird die Druckausgabe unterdrückt. Ferner werden als Optionen im Aufruf von PROC MEANS die zu berechnenden Statistiken angegeben. Hier einige Beispiele: SUM, MEAN, MIN, MAX, STD, VAR, etc. Diese Abkürzungen sollten Ihnen geläufig werden, da sie im SAS System immer wieder auftauchen. Die vollständige Liste der gültigen Statistiken ist im SAS PROCEDURES GUIDE nachzulesen.

VAR treffen Sie in vielen SAS Prozeduren an, Sie haben ihn z.B. in der Prozedur PRINT bereits kennengelernt. Er gibt der jeweiligen Prozedur an, welche Variablen der Eingabedatei zur Anzeige oder zur Analyse verwendet werden sollen.

CLASS ist ebenso wie der VAR Befehl in einigen Prozeduren anzutreffen. Ähnlich wie der BY Befehl ist er für die Gruppierung der Daten zuständig. Im Gegensatz zum BY Befehl müssen die Daten bei einer Gruppierung mit dem CLASS Befehl nicht nach den angegebenen Variablen sortiert sein.

ID sorgt dafür, daß in der zu erzeugenden Ausgabe für jede Gruppensummenzeile der höchste Wert, der im ID Befehl angegebenen Variablen in dieser Gruppe mit, ausgegeben wird. Ein Beispiel: Sie summieren Ihre Bestelldaten nach Warengruppen und wollen in der Ausgabe jeweils das letzte Bestelldatum pro Warengruppe mit ausgeben. In diesem Fall geben Sie als ID Variable das Bestelldatum an. Ein Tip: Wollen Sie den kleinsten Wert der ID Variablen für die Gruppe ausgeben, muß die Option IDMIN im PROC MEANS Aufruf angegeben werden.

Die FREQ Variable ist als eine Art Multiplikator zu verstehen. Wenn Sie eine FREQ-Variable angeben, wird jeder Datensatz als n Datensätze bei der Ermittlung der Statistiken gezählt. n ist hierbei der Wert der FREQ-Variablen.

WEIGHT bestimmt die Gewichtung des Mittels, der Varianz und der Summe. Diese statistischen Werte werden nach dem Inhalt der WEIGHT Variablen gewichtet.

BY haben Sie kennengelernt als den Befehl, der die Daten gruppiert. Nichts anderes passiert auch hier in der Prozedur MEANS: Die Ermittlung der Statistiken wird nach den Ausprägungen der BY Variablen gruppiert.

Der OUTPUT Befehl ist relevant, wenn Sie die Ergebnisse der Prozedur MEANS in eine SAS Datei herausschreiben wollen. Hierzu geben Sie mit dem OUT Parameter einen SAS Dateinamen an. Ferner haben Sie die Möglichkeit, die abzuspeichernden Statistiken anzugeben und gleichzeitig die Variablen, für die Sie die Statistiken berechnen, in der Ausgabedatei mit neuen Namen zu versehen.

Die Befehle haben wir jetzt erläutert, nun auf zum Einsatz der Prozedur MEANS. Summen sollen erzeugt werden (so sagt uns jedenfalls die Kapitelüberschrift), also tun wir dies doch. Wir haben unsere Beispieldatei SASUSER.UMSATZ und wollen die Summen für Absatz und Umsatz bilden. Diese Summen sollen pro Monat pro Warengruppe erzeugt werden. Um dies zu bewerkstelligen, benötigen wir folgendes Programm (Beispiel 4.4.1):

```
PROC MEANS DATA=SASUSER.UMSATZ NWAY SUM;
    CLASS      DATUM WARENGRP;
    VAR  ABSATZ UMSATZ;
RUN;
```

Die Erklärung? Kann mit Sicherheit entfallen! – Oder doch nicht? Also ein letztes Mal den Aufruf im Klartext: Starte die Prozedur MEANS für die zu analysierende Datei SASUSER.UMSATZ. Berechne als Standard-Statistik den Umsatz, und zwar gruppiert nach dem Datum und innerhalb des Datums nach der Warengruppe. Die Statistik wende bitte auf die Variablen ABSATZ und UMSATZ an. Das war's (RUN;).

Das Ergebnis:

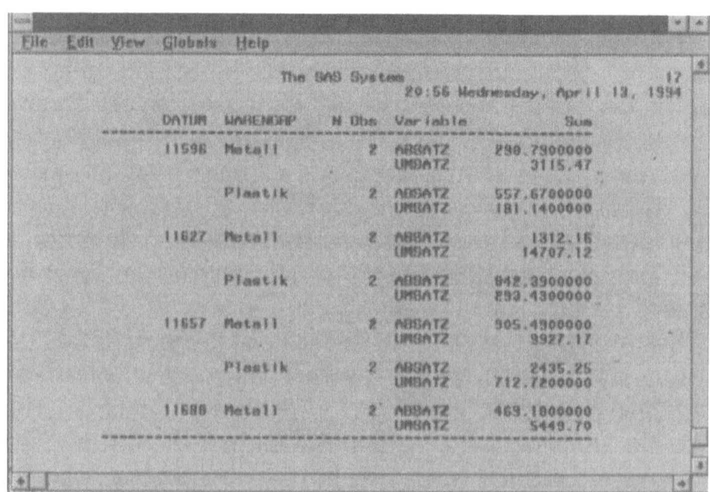

Ausgabe von PROC MEANS (eine Seite von mehreren).

Das einzige, was Sie jetzt wundern darf, ist die Angabe NWAY im PROC MEANS Aufruf. Die haben wir ja auch noch nicht erklärt. Merken Sie sich bis jetzt folgendes: Um einfache Gruppierungen wie die im Beispiel 4.4.1 zu erzeugen, geben Sie IMMER die Option NWAY an. Für eine nähere Erläuterung freuen Sie sich auf die TIPS & TRICKS Sektion am Ende dieses Kapitels.

4.4.2 Mittelwerte und weitere Basisstatistiken

Wenn Sie hier eine neue Prozedur befürchten, können wir Sie beruhigen: Dem ist nicht so. Nein, wir werden einfach einen Parameter der Prozedur MEANS verändern, um statt der Summen Durchschnittswerte zu ermitteln. Wenn Sie aufgepaßt haben, wissen Sie schon, wo ... – genau, im PROC MEANS Aufruf. Dort haben wir bei unserem vorherigen Beispiel bereits eine Statistik angegeben, nämlich die SUMME. Tauschen Sie diese Angabe einfach gegen MEAN aus, und schon haben Sie den Durchschnitt gebildet. Der Grund für die spezielle Thematisierung dieser einfachen Änderung ist folgender: Wir wollen Sie darauf aufmerksam machen, daß SAS Prozeduren sehr umfangreich sind und viele Aufgaben auf einmal abdecken können.

Betrachten Sie deshalb die Prozeduren im Nachhinein immer etwas genauer, lesen Sie ruhig einmal die Parameterliste in den Syntax-Guides etwas genauer, denn dann werden Ihnen einige Aufgaben leichter fallen. Jetzt üben Sie mit der Prozedur MEANS die Ermittlung von Statistiken auf unserem Datenbestand. Beschränken Sie sich jedoch erst einmal auf das Generieren von Listen, lassen sie also die Variante des Erzeugens von SAS Dateien aus. Diesem speziellen Fall wenden wir uns später noch ausführlich zu.

4.5 Daten komprimieren

Vielleicht ist „komprimieren" nicht der ganz korrekte Ausdruck, und „aggregieren" paßt besser; auf jeden Fall geht es um Datenreduktion. – So! Sie haben also Daten (etwa in unserer Beispieldatei) in sehr detaillierter Form. Das Halten von Detaildaten im direkten Zugriff ist allerdings nur über einen gewissen Zeitraum sinnvoll.

Überlegen Sie einmal: Interessiert es Sie noch, ob vor 34 Monaten die Schraube XYZ 89546 mal verkauft worden ist? In den meisten Fällen wohl kaum. Deshalb können Sie diese Detaildaten auslagern (z.B. auf Band oder Diskette). Was jedoch, wenn der Chef eine Statistik der Umsätze der letzten drei Jahre haben möchte? Es gibt in diesem Fall zwei Möglichkeiten: Sie holen sich die Daten aus dem Archiv (laufen, warten, suchen, fluchen) oder Sie haben langfristig geplant, ein Aggregat der wichtigsten Kennzahlen erzeugt und diese im direkten Zugriff (also z.B. auf einer Platte) abgelegt.

Genau das wollen wir jetzt tun. Nein, wir verwenden wieder keine neue Prozedur. Auch hier hilft uns die Prozedur MEANS. Diesmal nutzen wir die Möglichkeit dieser Prozedur, SAS Dateien zu erzeugen. Im Beispiel 4.4.1 haben wir bereits eine Liste erzeugt, die unseren Ansprüchen nahekommt, nämlich nur Summen abzulegen. Wenn wir dieses Beispiel etwas umbauen, können wir einen aggregierten Datenbestand erzeugen. Was ist also zu tun? Eigentlich muß nur eine Ausgabe-SAS Datei und die Statistiken, die gespeichert werden sollen, angegeben werden. Dies tun wir mit dem folgenden Programm (Beispiel 4.5.1):

```
PROC MEANS DATA=SASUSER.UMSATZ NWAY;
       CLASS      DATUM WARENGRP;
       VAR        ABSATZ UMSATZ;
       OUTPUT     OUT=WORK.TEST SUM= ;
RUN;
```

In diesem Fall haben wir die Ausgabedatei WORK.TEST erzeugt, die die Summen der Variablen ABSATZ und UMSATZ beinhaltet. Wenn Sie sich diese Datei ansehen (z.B. mit PROC PRINT), entdecken Sie zusätzlich zwei automatische generierte Variablen namens _TYPE_ und _FREQ_. Die Variable _FREQ_ beinhaltet die Anzahl der Datensätze, die dem jeweiligen aggregierten Datensatz zu Grunde liegen. Die Bedeutung der Variablen _TYPE_ erfahren Sie in der Sektion Tips & Tricks zu diesem Kapitel. Die nun erstellte Datei ist vom Umfang wesentlich kleiner als der Originaldatenbestand, den Sie archivieren können. Wenn Ihr Chef nun nach einer Umsatzstatistik der letzten drei Jahre fragt, haben Sie die adäquaten Daten direkt im Zugriff und können Analysen vornehmen.

Betrachten wir jedoch den OUTPUT-Befehl noch etwas näher. Bis jetzt haben wir nur eine Statistik für die Variablen berechnet. Interessant wäre es z.B. auch, sowohl die Summe als auch die Varianz der Umsatz- und Absatzwerte parat zu haben. Um dies tun zu können, müssen die Ergebniswerte in der Ausgabedatei in zwei verschiedenen Variablen gespeichert werden. Diese Möglichkeit bietet der OUTPUT Befehl. Die komplette Syntax dieses Befehls lautet wie folgt:

OUTPUT OUT=[LIBNAME.SAS Datei]
[statistik [(variable-1 ... variable-n)] = [neu-variable-1 ... neu-variable-n]] ;

Bis jetzt haben wir als Statistik SUM= angegeben, was bedeutet, daß die Summen der im VAR Befehl angegebenen Variablen unter dem gleichen Namen in der Ausgabedatei gespeichert werden sollen. Nun wollen wir jedoch die im VAR-Befehl aufgeführten Variablen mehrfach analysieren und unter neuem Namen in der Ergebnisdatei abspeichern. Wenn wir hierfür unser Beispiel 4.5.1 einfach erweitern, muß folgender Befehlsaufbau verwendet werden (Beispiel 4.5.2:)

```
PROC MEANS DATA = SASUSER.UMSATZ NWAY;
     CLASS          DATUM WARENGRP;
     VAR            ABSATZ UMSATZ;
     OUTPUT OUT = WORK.TEST   SUM(ABSATZ UMSATZ)  = SUMABS SUMUMS
                              VAR(ABSATZ UMSATZ)  = VARABS VARUMS ;
RUN;
```

Ein PROC PRINT auf die Ergebnisdatei erzeugt folgendes Ergebnis:

```
                                           The SAS System                                   50
                                                        20:56 Wednesday, April 13, 1994

OBS DATUM WARENGRP _TYPE_ _FREQ_  SUMABS    SUMUMS       VARABS       VARUMS

 23 11292 Metall      3      2    1450.69  15745.65    105675.84  5640063.39
 24 11292 Plastik     3      2    4789.77   1375.91   3628521.67     1667.53
 25 11323 Metall      3      2     575.73   6291.18     11036.52   452904.51
 26 11323 Plastik     3      2    1429.32    639.68     29704.59    85102.88
 27 11354 Metall      3      2     666.37   7335.52      8306.32   190381.52
 28 11354 Plastik     3      2    4345.60   1444.46   1196821.09    49795.37
 29 11382 Metall      3      2    1468.54  16255.61     22544.14   153031.72
 30 11382 Plastik     3      2    5071.54   1625.04   2169944.45    32359.68
 31 11413 Metall      3      2    1221.41  13186.01     98501.41  6008692.45
 32 11413 Plastik     3      2    2244.46    886.60     12227.35    91019.38
 33 11443 Metall      3      2     645.97   7185.83      2117.05     2838.01
 34 11443 Plastik     3      2    4621.11   1229.06   4648230.99    28876.85
 35 11474 Metall      3      2     853.67   9435.96      9008.85    98124.50
 36 11474 Plastik     3      2    3913.09   1172.31   1960655.43      938.74
 37 11504 Metall      3      2    1380.27  15570.33       572.91  2217933.91
 38 11504 Plastik     3      2    4131.71   1419.69    792704.18    74872.89
 39 11535 Metall      3      2     608.38   6348.92     78534.77  6838193.69
 40 11535 Plastik     3      2    5133.57   1229.06   8041694.18   136586.74
 41 11566 Metall      3      2    1196.87  12851.00    120525.77  8109733.74
 42 11566 Plastik     3      2    2221.47    610.59    945876.33     3078.77
 43 11596 Metall      3      2     298.79   3115.47     19339.54  1691126.01
 44 11596 Plastik     3      2     557.67    181.14     23729.31      530.73
```

Ausgabe des PROC PRINT auf die Datei WORK.TEST.

Dieses Prinzip läßt sich auf alle verfügbaren Statistiken der Prozedur MEANS (bzw. SUMMARY) anwenden. Wie bereits erwähnt finden Sie eine ausführliche Liste der Statistiken im SAS PROCEDURES GUIDE.

Noch ein kleiner Nachtrag zu dem Beispiel 4.5.2: Wir haben hier die etwas ausführlichere Schreibweise im OUTPUT-Befehl gewählt. Diese läßt sich in unserem Fall etwas verkürzen. Wenn Sie eine Statistik für alle im VAR-Befehl angegebenen Variablen berechnen möchten, können Sie die Namenszuweisung wie folgt verändern:

```
OUTPUT  OUT = WORK.TEST   SUM = (SUMABS SUMUMS)
                          VAR = (VARABS VARUMS);
```

Dies gilt jedoch nur für den o.a. Fall, daß ALLE Variablen des VAR-Befehls in der ANGEGEBENEN REIHENFOLGE verwendet werden sollen.

4.6 Weiterführende Statistik

Nur für den Fall, daß Sie Ihre Zahlen ganz genau kennenlernen möchten, wagen wir hier einen kurzen Ausflug in (bzw. Rundflug über) die Grundlagen für den Erfolg des SAS Systems. Dabei bemühen wir zwei weitere Prozeduren aus dem reichhaltigen SAS-Fundus deren Namen Sie mit der Zeit in angenehmer Erinnerung behalten werden: PROC CORR und PROC UNIVARIATE.

4.6.1 Zusammenhänge beschreiben

Ähnlich wie die bereits beschriebene PROC FREQ mit ihren χ^2-Berechnungen für Häufigkeits-Kreuztabellen liefert PROC CORR Maße für den linearen Zusammenhang zwischen Meßwerten auf Ordinal- bzw. Intervallniveau. Den vollständigen Exkurs über verschiedene Skalenniveaus sparen wir uns hier, aber soviel sei gesagt: Beispiele für intervallskalierte Variablen sind alle physikalischen Größen mit definierten Einheiten (Intervallen), also die Temperatur (in Grad Celsius), die Länge (in Metern) oder die Zeit (in Stunden). Ordinale Meßwerte brauchen keine Einheiten, sie geben lediglich eine Reihenfolge wieder; z.B. Schulnoten, Hausnummern und Ähnliches mehr.

Nehmen wir einmal an, Sie haben den Wunsch, festzustellen, wie sich Ihr Absatz- und Umsatzwachstum gestaltet und das möglichst getrennt nach Warengruppe. Wachstum läßt sich generell als (mehr oder minder) linearer Anstieg der Werte über dem Datum definieren. Wir suchen also nach dem Zusammenhang zwischen den Variablen UM-

SATZ und DATUM. Statistiker benutzen als Kennwerte für Zusammenhänge sog. Korrelationskoeffizienten; diese berechnet PROC CORR nach (fast) allen bekannten Regeln der mathematischen Kunst.

Obwohl Sie wahrscheinlich längst wissen, wie der PROC STEP aussehen muß, wie immer die Syntax zuerst (Beispiel 4.6.1):

```
PROC CORR DATA = SASUSER.UMSATZ;
    VAR  DATUM ABSATZ UMSATZ;
    BY   WARENGRP;
RUN;
```

Der generelle Aufbau eines PROC STEPS ist Ihnen mittlerweile so weit geläufig, daß wir uns hier eigentlich jede weitere Erklärung sparen könnten. – Aber:

Wenn Sie diesen Aufbau benutzen, erhalten Sie zwar eine fehlerfreie Ausgabe, aber auch ein wenig mehr Information als Sie erwartet haben. PROC CORR berechnet freundlicherweise alle möglichen Korrelationen zwischen den hinter VAR genannten Variablen. Diese Anzahl wächst quadratisch mit der Anzahl der VAR-Variablen!

Davon sind mehr als die Hälfte Korrelationen der Variablen mit sich selbst bzw. doppelt vorhanden, da der Zusammenhang von DATUM mit UMSATZ der gleiche ist wie der zwischen UMSATZ und DATUM. Vor allem hat Sie der Zusammenhang zwischen UMSATZ und ABSATZ überhaupt nicht interessiert, den Sie nun aber in der Ausgabe vorfinden würden. Ein CORR-spezifischer Befehl schafft hier Abhilfe (Beispiel 4.6.2):

```
PROC CORR DATA = SASUSER.UMSATZ;
    VAR  DATUM;
    WITH ABSATZ UMSATZ;
    BY   WARENGRP;
RUN;
```

Um seine Rechenwut etwas zu kontrollieren, kennt PROC CORR einen Befehl namens WITH. Findet das SAS System diesen Befehl beim Ausführen des Programms, dann werden nur die Zusammenhänge der VAR-Variablen mit den WITH-Variablen berechnet; auch Spiegel- und Eigenkorrelationen kommen nicht mehr vor. – Fertig!

4.6.2 Verteilungen beschreiben

Wenn Sie wirklich ALLES über die Eigenschaften einzelner Variablen wissen möchten. ohne jeden einzelnen Wert zu studieren, dann haben Sie mit der PROC UNIVARIATE einen starken Partner. Diese Prozedur ist quasi der große Bruder von SUMMARY und MEANS, zumindest was die Auswahl an berechenbaren statistischen Kennwerten angeht.

Grundsätzlich dienen statistische Kennwerte ja dazu, die in der Gesamtheit der Werte enthaltene Information möglichst genau zu beschreiben ohne sie andererseits alle ständig im Zugriff halten zu müssen. Neben den schon benutzten Parametern Summe und Varianz kommen dafür eine Vielzahl von Kennwerten in Frage. Je nach Skalenniveau werden Datenmengen über verschiedene Lage- und Streuungsparameter sowie Verteilungscharakteristika beschrieben (Beispiel 4.6.3):

```
PROC UNIVARIATE DATA = SASUSER.UMSATZ NORMAL PLOT;
    VAR  ABSATZ UMSATZ;
    BY   WARENGRP;
RUN;
```

Mit diesen fast schon gewohnheitsmäßig wenigen Zeilen erhalten Sie eine statistische Beschreibung der Werte aus den Variablen ABSATZ und UMSATZ mit allen Schikanen:

Neben sämtlichen Standardkennwerten der parametrischen Statistik werden hier auch Parameter für Schiefe und Exzess („Gipfligkeit") der Verteilung berechnet. Die Option NORMAL fordert ausdrücklich einen Test der Stichprobenverteilung auf Anpassung an die Gaußsche Glockenkurve (die sog. Normalverteilung) an. Wegen des BY Statements wird dieser Test für jeden Wert von WARENGRP separat gerechnet. Schließlich prüft der ebenfalls berechnete t-Test (nach Student) die einzelnen Stichprobenmittelwerte auf Unterschied von Null.

Auch für den Bereich der Ordinaldaten liefert PROC UNIVARIATE eine vollständige Beschreibung der Stichproben. Über die typischen Kennwerte für Rangdaten (Median etc.) hinaus wird standardmäßig das 1., 5. und 10. sowie das 90., 95. und 99. Perzentil berechnet. Mit gleich zwei verteilungsfreien Verfahren wird der Unterschied der Mittelwerte von Null getestet: Wilcoxons Vorzeichenrangtest und der einfache Vorzeichentest.

Selbst für Nominaldaten bietet PROC UNIVARIATE noch etwas: Der Modalwert beschreibt den am häufigsten vorkommenden Wert in einer Stichprobe. Bei einer Normalverteilung ist er identisch mit dem Median und dem arithmetischen Mittelwert.

Die Option PLOT bewirkt gleich mehrere Dinge: Standardmäßig erzeugt sie den sogenannten Box-Whisker-Plot zur direkten Visualisierung der berechneten Lage- und Streuungsmaße sowie einen Quantil-Quantil-Plot zur Visualisierung der Normalverteilungsanpassung. Durch das BY Statement für WARENGRP wird in unserem Beispiel noch ein graphischer Vergleich sämtlicher durch WARENGRP definierten Gruppen in Form nebeneinanderliegender Box-Whisker-Plots ausgegeben.

Selbstverständlich kennt auch PROC UNIVARIATE die Möglichkeit, alle berechneten Werte zur eleganten Weiterverwendung auf eine Ausgabedatei zu schreiben. Die dazu notwendigen Befehle können Sie aus den Kapiteln zur PROC MEANS übernehmen (Immerhin heißt es ja SAS *System*, oder?).

4.7 Tips & Tricks

Hier soll nun endlich die Option NWAY der Prozedueren SUMMARY und MEANS genau erläutert werden. Wenn Sie Ihre Daten mit dem CLASS Befehl gruppieren, werden bei Angabe der Option NWAY alle gewünschten Statistiken für die Kombination der angegeben CLASS Variablen berechnet.

Ein Beispiel: Sie wollen die Summe der Variablen UMSATZ für die Warengruppen pro Monat ermitteln. Dazu würden Sie im CLASS Befehl die Variablen DATUM und WARENGRP angeben. Wenn Sie im PROC MEANS Aufruf nun, so wie wir es bisher getan haben, die NWAY Option angeben, erhalten Sie als Ergebnis die Umsatz-Summen für die Warengruppen monatsweise aufgestellt.

Wenn Sie nun die Gesamtsummen für die Warengruppen, die Gesamtsummen auf Monatsbasis oder den gesamten Umsatz sehen möchten, müssen Sie die Prozedur MEANS mit einem neuen CLASS Befehl versehen und nochmals starten. Wenn Sie allerdings im gleichen PROC MEANS-Aufruf einfach nur die NWAY Option entfernen, bekommen Sie die angeforderten Statistiken für alle möglichen Kombination der angegeben CLASS Variablen, sowie eine Gesamtstatistik. Die einzelnen Gruppierungen lassen sich dann über die automatische Variable _TYPE_ auseinanderhalten. Sehen wir uns das ganze einmal zur Verdeutlichung für einen CLASS Befehl mit den drei Gruppierungsvariablen A, B und C, also:

CLASS A B C ;

tabellarisch an.

C	B	A	_TYPE	Datensatzinhalt	Anzahl der Datensätze in dieser Ebene
0	0	0	0	Statistiken über alle Datensätze der Datei	1
0	0	1	1	Statistiken gruppiert nach den Ausprägungen der Variablen A	Anzahl der Ausprägungen der Variablen A
0	1	0	2	Statistiken gruppiert nach den Ausprägungen der Variablen B	Anzahl der Ausprägungen der Variablen B
0	1	1	3	Statistiken gruppiert nach den Ausprägungen der Variablen B innerhalb der r Variablen A	Anzahl der Ausprägungen der Variablen A * Anzahl der Ausprägungen der Variablen B
1	0	0	4	Statistiken gruppiert nach den Ausprägungen der Variablen C	Anzahl der Ausprägungen der Variablen C
1	0	1	5	Statistiken gruppiert nach den Ausprägungen der Variablen C innerhalb der Variablen A	Anzahl der Ausprägungen der Variablen A * Anzahl der Ausprägungen der Variablen C
1	1	0	6	Statistiken gruppiert nach den Ausprägungen der Variablen C innerhalb der Variablen B	Anzahl der Ausprägungen der Variablen B* Anzahl der Ausprägungen der Variablen C
1	1	1	7	Statistiken gruppiert nach den Ausprägungen der Variablen C innerhalb der Variablen B, und diese wiederum auf Basis der Variablen A, also: Die eigentliche Gesamtstatistik, die mit der NWAY Option erzeugt werden würde.	Anzahl der Ausprägungen der Variablen A * Anzahl der Ausprägungen der Variablen B* Anzahl der Ausprägungen der Variablen C

Tabelle der TYPE-Werte.

Und? Ist jetzt alles klar? Noch einmal: Wenn Sie die Option NWAY auslassen, haben Sie alle möglichen Kombinationen der CLASS Variablen in der Ergebnisdatei statistisch analysiert. Doch VORSICHT: Sie vergrößern Ihr Datenvolumen u.U. um ein Vielfaches. Und jetzt: AUSPROBIEREN! Nehmen Sie unser Beispiel und lassen Sie die Option NWAY aus. Das Ergebnis erfüllt alle Analyse-Wünsche – auch die Unsinnigen!

So, liebe Leute. Wieder haben Sie einen großen Abschnitt hinter sich gebracht. Diesmal haben Sie gelernt, was Analysedaten sind und wie Sie die Prozeduren MEANS/SUMMARY für die Verdichtung und grundlegende statistische Analyse Ihrer Daten verwenden.

Außerdem wissen Sie, wie Sie mit der Prozedur CORR Korrelationen, also Zusammenhänge in Ihren Daten analysieren. Last not least haben Sie noch eine Einführung in die Prozedur UNIVARIATE erhalten, mit der Sie Verteilungen bzw. Streuungen in Ihren Daten ermitteln.

Auch hier werden wir nicht müde, Sie zum Üben aufzufordern, denn: Es ist noch kein SAS Programmierer vom Himmel gefallen (und wenn, dann bestimmt nicht freiwillig). Setzen Sie wieder Ihre eigenen Daten in den Übungen ein und lesen Sie, nachdem Sie glauben, den rechten Überblick zu haben, im folgenden Kapitel mehr über die Präsentation Ihrer Daten und Analyseergebnisse.

5 Darstellen der Daten

Fein, Sie haben jetzt bereits sehr viele Möglichkeiten des SAS Systems kennengelernt. Als nächstes beschäftigen wir uns mit den Möglichkeiten der Datendarstellung, also dem Generieren von Berichten und Grafiken. Motto: Hübsch bunt und übersichtlich soll's werden.

Nach dem Studium dieses Kapitels haben Sie das Rüstzeug, Ihre Daten in aufbereiteter, aussagekräftiger Form zu präsentieren – ob als Liste, Tabelle oder Grafik.

5.1 Berichte

Als erstes beschäftigen wir uns in dieser Sektion mit der Berichtserstellung im SAS System. Hierbei werden wir einige Schwierigkeitsstufen durchlaufen. Am Ende dieses Abschnittes sollten Sie in der Lage sein, nahezu jedes Berichtslayout, daß Ihnen ge- bzw. einfällt, darzustellen.

5.1.1 Einfache Listen

Wir haben ja inzwischen einige Dateien erzeugt, deren Inhalt wir jetzt mittels einer einfachen Liste ausgeben wollen. Sie haben dazu schon früher die Prozedur PRINT kennengelernt. Die einfachste Syntaxform dieser Prozedur ist:

PROC PRINT DATA=[SASdatei] ;
RUN;

Also: Auf ans Werk. Der erste Bericht, den wir generieren, soll mit der Datei SASUSER.ADRESSEN erzeugt werden. Die Syntax hierzu ist dann (Beispiel 5.1.1):

PROC PRINT DATA=SASUSER.ADRESSEN;
RUN;

Wenn Sie diesen Bericht erstellen, bekommen Sie folgende Ausgabe in Ihrem Ausgabe-(OUTPUT)-Fenster:

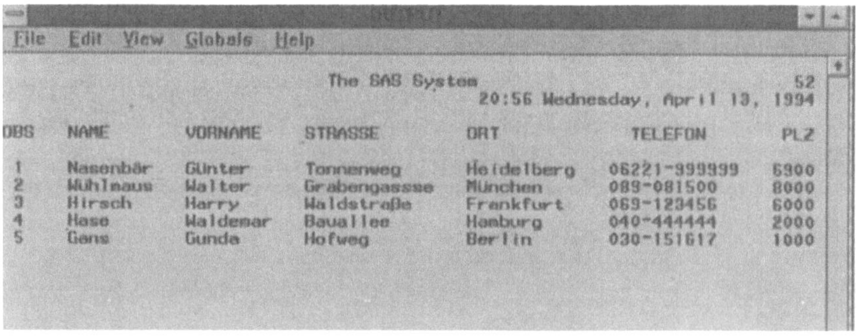

Ausgabe von PROC PRINT.

Naja, irgendwie haben Sie recht: Allzu schön ist dieser Output nicht. Aber daran können wir ja arbeiten. Vorab noch einige Informationen zur Prozedur PRINT:

- die Prozedur PRINT ist die einfachste Berichtsprozedur im ganzen SAS System
- PROC PRINT kann nur Summen darstellen, andere statistische Werte lassen sich nicht berechnen
- die genaue Positionierung der Spalten im PROC PRINT ist nicht steuerbar, sie wird durch die Prozedur automatisch vorgenommen.

So, jetzt sind Sie über die gravierendsten Nachteile der Prozedur PRINT informiert. Wenn Sie trotzdem noch Lust haben, die Möglichkeiten dieser Prozedur kennenzulernen, dann lesen Sie weiter. Das kann ich Ihnen auch wärmstens empfehlen, *Weil:* schnellere Berichte als mit PROC PRINT werden Sie nirgendwo erstellen. Also weiter. Die komplette Syntax der Prozedur PRINT ist folgende:

```
PROC PRINT DATA=[SAS Datei]  [optionen];
      VAR variablen;
      ID variablen;
      BY variablen;
      SUM variablen;
      SUMBY variablen;
      PAGEBY variablen;
RUN;
```

Obsolet zu erklären, ist die Bedeutung des DATA= Parameters zum PROC PRINT, deshalb steigen wir gleich bei den Optionen ein. Da wir uns nicht allzulange mit der Prozedur PRINT aufhalten wollen, empfehlen wir Ihnen, die einzelnen Optionen, die nachfolgend tabellarisch aufgeführt werden, einzeln und in Kombination einfach einmal auszuprobieren. In den Übungsbeispielen werden wir einige dieser Optionen verwenden.

Mögliche Optionen sind:

- DOUBLE produziert nach jeder ausgegebenen Zeile Ihrer Liste eine Leerzeile
- NOOBS entfernt die Observation-Nummer aus Ihrem Listing (Sie wissen: Observation=Datensatz)
- UNIFORM formatiert alle Seiten Ihrer Ausgabe identisch. Dies ist von Vorteil, wenn Sie eine einheitliche Liste haben wollen. PROC PRINT ordnet die Liste ansonsten variabel je nach der Länge der einzelnen Datenfelder an.
- LABEL benutzt als Spaltenüberschriften in der Ausgabe, die für die Datei angegebenen Variablen-Langtexte
- SPLIT='x' trennt die Labels, wenn das angegebene Zeichen ('x') auftaucht. Der gängigste „Split-Character" ist der Stern ('*'). Ihre Variablen-Labels könnten dann z.B. so aussehen: NAME*DES*ANGESTELLTEN, was zur Folge hätte, daß nach NAME und DES ein Zeilenumbruch in der Spaltenüberschrift gesetzt werden würde
- N gibt am Ende der Liste die Anzahl der Observations aus. Dies funktioniert auch mit Gruppenwechseln, dort wird dann die Anzahl der Datensätze je BY-Gruppe ausgewiesen.

- ROUND rundet die Datenwerte in Ihrer Ausgabe auf das zugewiesene FORMAT oder wenn kein Format angegeben ist, auf zwei Nachkommastellen.

So, das wäre es zu den möglichen Optionen. Wenn Sie jetzt ein wenig mit diesen Optionen üben, werden Sie sehen, daß man den Output von PROC PRINT schon etwas weiter anpassen kann.Wenden wir uns jetzt den einzelnen Befehlen innerhalb der Prozedur zu.

– VAR variablen;
Im VAR Befehl geben sie jeweils durch Leerzeichen getrennt die Variablen an, die in der Liste erscheinen sollen, und legen damit auch deren Reihenfolge in der Ausgabe fest.
Bsp.: **VAR NAME STRASSE PLZ ORT;**

– ID variablen;
Wenn Sie den ID Befehl verwenden, verfügen Sie, daß die formatierten Werte der Variablen, die Sie angeben, an Stelle der Observation-Nummern in der Liste erscheinen sollen. Daß.heißt. daß diese Variablen als erstes in der Liste erscheinen und bei getrenntem Output (ein Datensatz wird zu breit für die Ausgabe und somit auf mehrere Zeilen aufgeteilt) als Zeilenidentifikation dienen können.

– BY variablen;
Den BY Befehl kennen Sie ja schon. In der Prozedur PRINT gruppieren Sie damit Ihren Output nach den angegeben Variablen.

– SUM variablen;
Mit dem SUM Befehl geben Sie an, für welche Variablen Spaltensummen errechnet werden sollen.

– SUMBY variablen;
SUMBY ist nur im Zusammenhang mit dem BY Befehl zu verwenden und muß eine Variable beinhalten, die auch in der BY Liste auftaucht. Der Befehl gibt an, daß beim Gruppenwechsel der angegeben Variablen summiert werden soll.

– PAGEBY variablen;
Die Definition für PAGEBY ist fast identisch mit der von SUMBY, nur daß hier bei einem Gruppenwechsel der angegeben Variablen ein Seitenumbruch stattfindet.

Somit hätten wir bereits die Vielfalt von PROC PRINT erschöpft. Üben Sie jetzt ein wenig mit den einzelnen Befehlen der Prozedur PRINT und erstellen Sie sich ein paar Listen. Vergessen Sie nicht, wenn Sie den BY Befehl verwenden, daß die Datei nach den BY Variablen sortiert sein muß. Ansonsten: Viel Spaß.

Was, schon fertig? Na gut, was ist Ihnen aufgefallen? Nichts! Auch gut. Falls Ihnen jedoch aufgefallen ist, daß Sie gerne etwas längere Seiten oder breitere Zeilen hätten, kann Ihnen geholfen werden. Es gibt im SAS System einige generelle Optionen, die die Ausgabe mit bestimmen, z.B. Optionen für Seiten- und Zeilenlänge. Dies ist allerdings eine sehr generelle Angelegenheit (es werden nämlich alle Ausgaben von Optionen beeinflußt), deshalb ist es wieder einmal Zeit für einen der tollen EXKURSE:

EXKURS: SAS Optionen für Druckausgabe

Nun, da wir ja nicht den Vollständigkeitsanspruch eines Handbuches haben, können wir hier selektiv arbeiten, und Ihnen nur ein paar zentrale Optionen für die Druckausgabe vorstellen. Den OPTIONS Befehl haben Sie schon bei der einen oder anderen Gelegenheit kennengelernt. Seine Bedeutung ist für das SAS System zentral, denn mit dem OPTIONS Befehl bestimmen Sie globale Parametereinstellugen für das SAS System, wie z.B. die Seitenbreite und -länge bei der Druckausgabe.

EXKURS

Der OPTIONS Befehl wird wie auch DATA oder PROC Schritte mit dem SUBMIT Kommando aus dem PROGRAM EDITOR ausgeführt. Einige Optionen können Sie allerdings auch interaktiv verändern, indem Sie das OPTIONS Fenster aufrufen. Dies tun Sie von jedem beliebigen SAS Fenster aus mit dem Kommando OPTIONS. Erinnern Sie sich zu diesem Zeitpunkt noch einmal an die Trennung zwischen SAS Kommando und SAS Befehl. Rufen Sie nun bitte das OPTIONS Fenster auf.

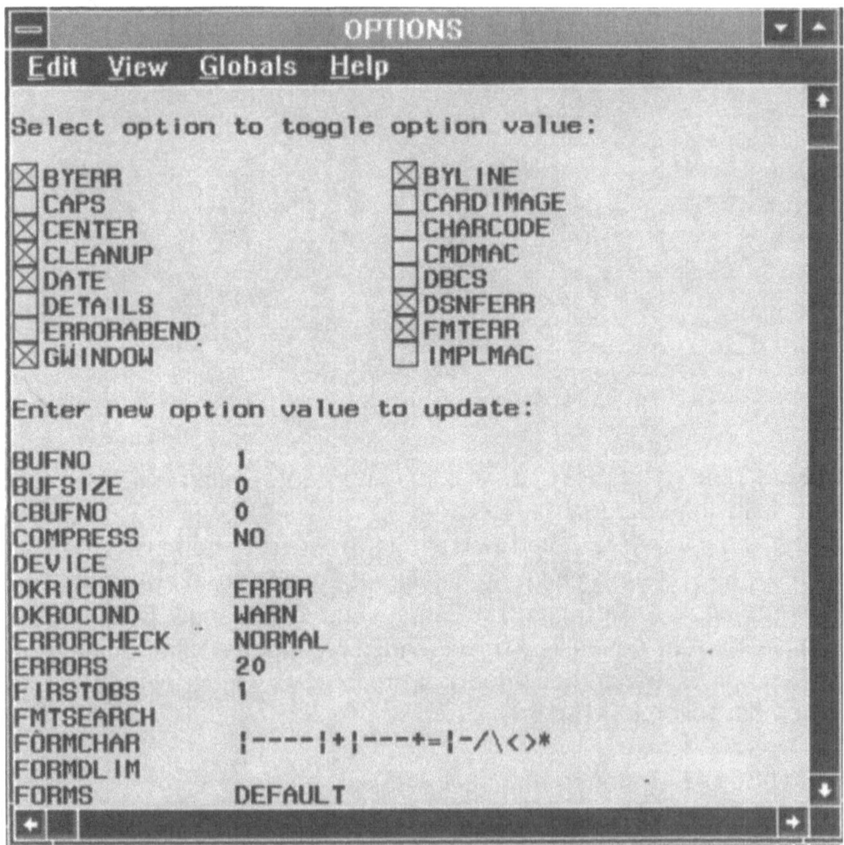

OPTIONS Fenster.

Sie können nun die gewünschte Option einfach überschreiben und das Fenster mit dem END-Befehl verlassen. Wenn Sie die gewünschten Optionen mit dem OPTIONS-Befehl verändern, dann lautet die Syntax wie folgt:

OPTIONS optionen ;

EXKURS

Nun kommen wir auch schon zu den SAS Optionen für Druckausgabe. Viele sind es nicht, deshalb stellen wir einfach eine kleine Tabelle auf:

Option	Erläuterung
DATE	...bewirkt, daß standardmäßig das Tagesdatum im Kopf der Ausgabe angezeigt wird. Mit NODATE wird dies unterdrückt.
NUMBER	...gibt an, daß automatische Seitennummern ausgegeben werden sollen. NONUMBER unterdrückt diese.
PAGENO=	Wenn Seitennummern ausgegeben werden, kann mit der Option PAGENO die Basisnummer für die nächste Ausgabe angegeben werden (z.B.:PAGENO=1)
PAGESIZE=	Bestimmt die Seitenlänge in Zeilen, kann mit PS= abgekürzt werden
LINESIZE=	Bestimmt die Zeilenlänge in Zeichen, kann mit LS= abgekürzt werden

Ja, und das war es auch schon. Es gibt überdies noch betriebssystemabhängige SAS Optionen zur Druckausgabe, die Sie bitte Ihrer Dokumentation entnehmen. Abschließend noch ein Beispiel: Es soll kein Datum, jedoch Seitennummern beginnend bei Seite 1 ausgegeben werden. Die Zeilenlänge soll 78 Zeichen, die Seitenlänge 76 Zeilen betragen. Der OPTIONS-Befehl lautet für dieses Beispiel:

```
OPTIONS NODATE NUMBER PAGENO=1 PS=76 LS=78;
```

ENDE EXKURS – ENDE EXKURS – ENDE – EXKURS – ENDE EXKURS

5.1.2 Tabellen

Nachdem Sie nun das absolute REPORTING-ANFÄNGER-STADIUM überschritten haben, machen wir mit einer komplexeren Art der Berichte weiter: Den Tabellen. Hierzu bietet SAS Institute in der Base SAS Software eine sehr intelligente Lösung: Die Prozedur TABULATE. Mit dieser Prozedur werden mehrere Probleme der Berichterstellung gleichzeitig abgedeckt: Statistiken, Tabellen-Layout, Gruppenwechsel etc. Zuerst einmal zu einer von PROC TABULATE generierten Ausgabe, die z.B. so aussehen könnte:

```
                    The SAS System                               53
                                  20:56 Wednesday, April 13, 1994

    --------------------------------------------------------------
    |                    |           Durchschnitt                |
    |                    |---------------------------------------|
    |                    |  Height in     |  Weight in           |
    |                    |   inches       |   pounds             |
    |--------------------+----------------+----------------------|
    |Age in years        |                |                      |
    |--------------------|                |                      |
    |11                  |         54.40  |          67.75       |
    |--------------------+----------------+----------------------|
    |12                  |         59.44  |          94.40       |
    |--------------------+----------------+----------------------|
    |13                  |         61.43  |          88.67       |
    |--------------------+----------------+----------------------|
    |14                  |         64.90  |         101.88       |
    |--------------------+----------------+----------------------|
    |15                  |         65.63  |         117.38       |
    |--------------------+----------------+----------------------|
    |16                  |         72.00  |         150.00       |
    --------------------------------------------------------------
```

Ausgabe von PROC TABULATE.

Das Layout dieser Tabelle wird von der Prozedur TABULATE eigenständig generiert. Sie haben selbstverständlich Einflußmöglichkeiten, die wir jetzt näher betrachten. Wie immer zuerst zur Syntax:

```
PROC TABULATE DATA=[SASDatei] optionen;
      CLASS variablen;
      BY variablen;
      VAR variablen;
      TABLE spezifikation;
      FREQ variable;
      KEYLABEL schlüsselwort='Beschreibung'
            [schlüsselwort='Beschreibung' ...];
      WEIGHT variable;
RUN;
```

Tja, vom Befehlsumfang, also der reinen Anzahl der Befehle, sieht die Prozedur TABULATE nicht wesentlich komplizierter als die Prozedur PRINT aus. Lassen Sie sich davon aber nicht täuschen, hier ist ein sehr mächtiger Befehl integriert: TABLE. Der TABLE Befehl ist das Herzstück der Prozedur und wird gleich näher erläutert. Richten wir uns aber nach der Reihenfolge, die innerhalb der Prozedur zwar egal ist, aber in der o.a. Form am saubersten strukturiert und somit am häufigsten verwendet wird:

– CLASS variablen;
Der CLASS Befehl ist ein sehr zentraler Befehl der Prozedur TABULATE. Hier spezifizieren Sie die Variablen Ihrer SAS Datei, die für die Gruppierung des Berichts verwendet werden sollen. CLASS übernimmt also eine ähnliche Aufgabe wie der BY Befehl. Hier ist jedoch auf einen wichtigen Unterschied zu achten. Wenn Sie den CLASS Befehl verwenden, muß die SAS Datei NICHT nach den angegegeben Variablen sortiert sein, wie es beim BY Befehl der Fall ist. Auch vom Layout her unterscheiden sich BY und CLASS, die auch in Kombination verwendet werden können: CLASS übernimmt die Gruppierung INNERHALB einer Tabelle, während bei einem Gruppenwechsel der unter BY angegebenen Variablen eine neue Seite mit einer neuen Tabelle angefangen wird. Zu den Limitationen: Es gibt keine! Sie können beliebig viele CLASS Variablen angeben. Sie kennen den CLASS Befehl übrigens schon aus den Prozeduren MEANS/SUMMARY.

– BY variablen;
BY gilt in der Prozedur TABULATE wie in allen anderen Prozeduren zur Gruppierung. Beachten Sie wie immer, daß die Datei nach den BY Variablen sortiert sein muß. Das Layout des Berichtes verhält sich wie bei dem CLASS Befehl bereits beschrieben.

– VAR variablen;
Wie bereits bei der Prozedur PRINT werden im VAR Befehl die von der Prozedur auszuwertenden/auszugebenden Variablen spezifiziert. Wenn Sie keinen VAR Befehl spezifizieren, können Sie die Prozedur TABULATE ausschließlich zum Zählen Ihrer Datensätze verwenden.

– TABLE spezifikation;
Der große Augenblick ist da, es wird jetzt etwas komplizierter: Es geht um die Syntax des TABLE Befehls. Um die Syntax dieses Befehls am besten darzustellen, benötigen wir eine SAS Datei. Erstellen Sie sich nun bitte mit dem folgenden DATA STEP die Datei SASUSER.TABELLE (Beispiel 5.1.2):

```
DATA SASUSER.TABELLE;
INPUT X Y Z;
CARDS;
1 10 100
1 10 200
1 20 300
1 20 200
1 20 100
2 10 300
2 10 200
2 10 100
2 20 200
2 20 300
;
RUN;
```

Somit hätten Sie eine SAS Datei mit dem Namen SASUSER.TABELLE, die die Variablen X, Y und Z beinhaltet. Diese Tabelle werden jetzt zum Üben verwenden. Der erste PROC TABULATE, den wir ausprobieren, ist folgender (Beispiel 5.1.3):

```
PROC TABULATE DATA=SASUSER.TABELLE;
VAR X;
TABLE X;
RUN;
```

Also ein einfacher TABLE Befehl mit einer Variablen. Das Ergebnis sieht wie folgt aus:

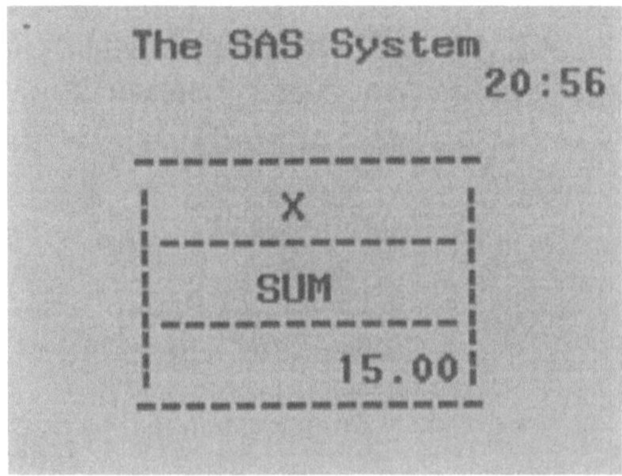

Ausgabe von Beispiel 5.1.3.

Dieser TABLE Befehl generiert also eine einfache Summierung über die angegebene Variable. Als nächstes machen wir das ganze mal für zwei Variablen (Beispiel 5.1.4):

```
PROC TABULATE DATA=SASUSER.TABELLE;
VAR X Y;
TABLE X Y;
RUN;
```

Und auch hier wieder das Ergebnis:

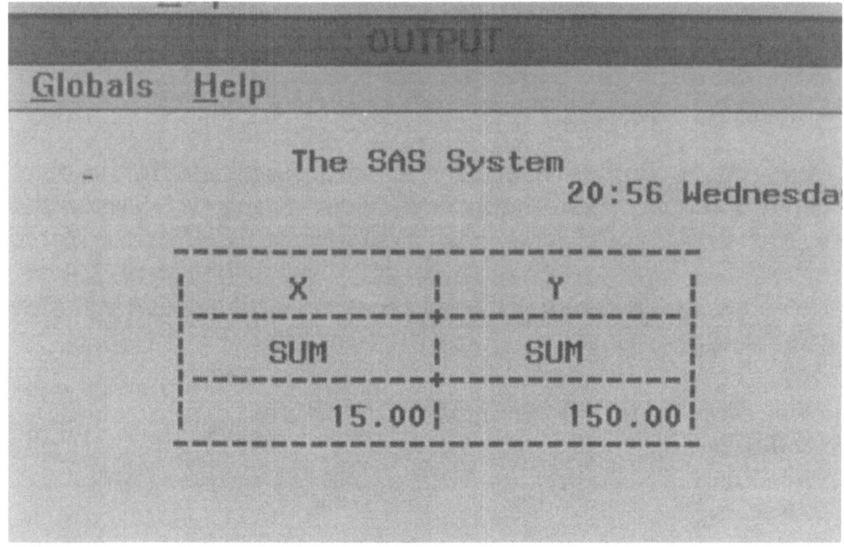

Ausgabe zu Beispiel 5.1.4.

Hier merken: Durch ein Leerzeichen getrennte Variablen werden eindimensional nebeneinander dargestellt („Concatenation"). Verändern wir jetzt einmal das Trennzeichen, was eine Gruppierung voraussetzt (Beispiel 5.1.5):

```
PROC TABULATE DATA=SASUSER.TABELLE;
CLASS X;
VAR Y;
TABLE X*Y;
RUN;
```

Dieser erste gruppierte Bericht sieht wie folgt aus:

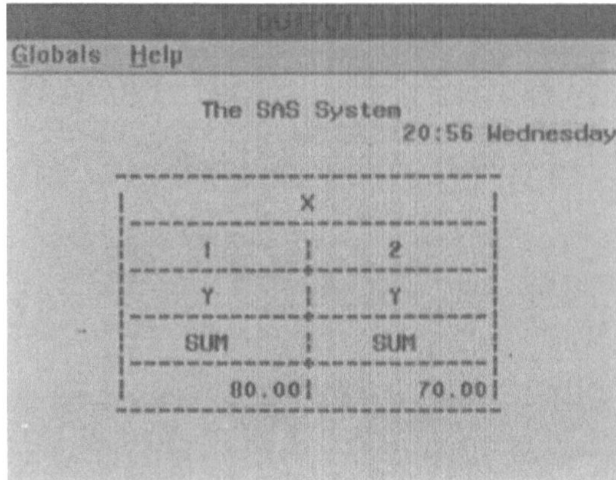

Ausgabe zu Beispiel 5.1.5.

Der Bericht ist gruppiert nach der Variablen X und stellt für die einzelnen Ausprägungen von X (also 1 und 2) die Summen von Y dar. Auffällig ist, daß die Tabelle immer noch eindimensional ist. Um eine mehrdimensionale Tabelle zu erzeugen, benötigt man ein weiteres Trennzeichen. Dies ist das Komma (,). Probieren wir nun folgendes Beispiel (Beispiel 5.1.6):

```
PROC TABULATE DATA=SASUSER.TABELLE;
CLASS X;
VAR Y;
TABLE X,Y;
RUN;
```

De facto ist das Ergebnis das gleiche, nur die Darstellung differiert:

Ausgabe zu Beispiel 5.1.6.

Wie wäre es jetzt mit einer Kombination mit einer „Concatenation"?
Stellen wir einmal für X die Summen von Y und Z dar (Beispiel 5.1.7):

```
PROC TABULATE DATA=SASUSER.TABELLE;
CLASS X;
VAR Y Z;
TABLE X,Y Z;
RUN;
```

Das Ergebnis:

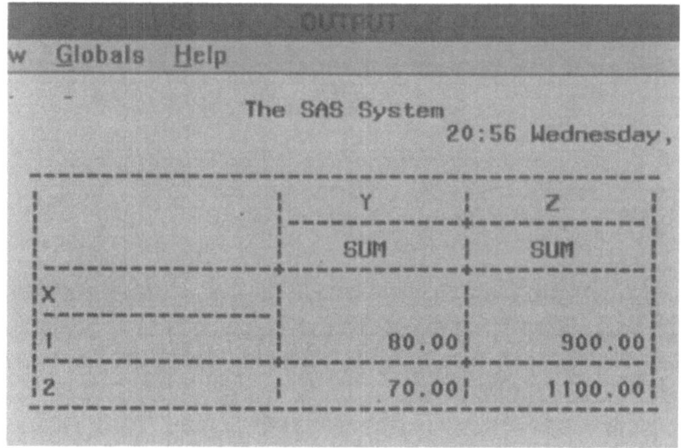

Ausgabe zu Beispiel 5.1.7.

Was Ihnen sicherlich auffällt ist, daß wir die ganze Zeit mit Summen
rechnen. Dies ist die Standardstatistik in der Prozedur TABULATE.

Wenn Sie eine andere Statistik verwenden möchten, können Sie diese
mit der gewünschten Variablen über einen Stern (*) als Indikator „verbinden", also z.B. **TABLE X, Y*MEAN Z*SUM;**

Das Ergebnis ist folgendes:

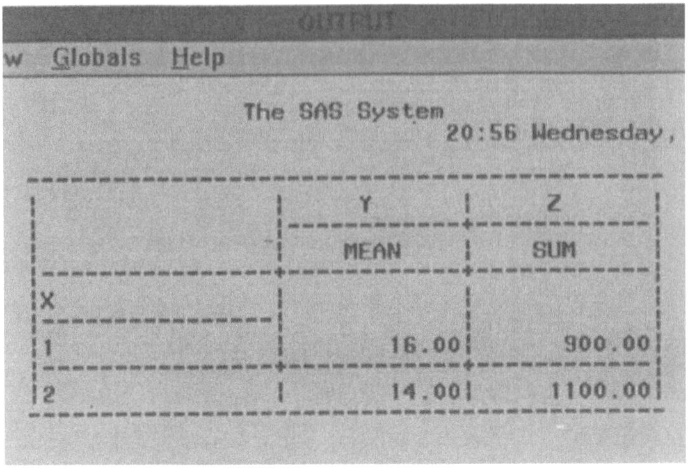

```
 w   Globals   Help

                        The SAS System
                                     20:56 Wednesday,

      ----------------------------------------------------------
      |                        |       Y       |       Z       |
      |                        |---------------+---------------|
      |                        |     MEAN      |      SUM       |
      |------------------------+---------------+---------------|
      |X                       |               |               |
      |------------------------|               |               |
      |1                       |        16.00  |       900.00  |
      |------------------------+---------------+---------------|
      |2                       |        14.00  |      1100.00  |
      ----------------------------------------------------------
```

Ausgabe mit anderer Statistik.

Ein weiterer Punkt, um das Design Ihrer Tabelle etwas „aufzupeppen", ist das Vergeben von Überschriften für die Statistiken oder die Spalten.

Überschriften werden mit der Statistik oder der Variablen über das Gleichheitszeichen verbunden, also:

```
TABLE X='Variable X', Y='Y-Wert'*mean='Avg.'
     Z='Z-Wert'*SUM='Summe';
```

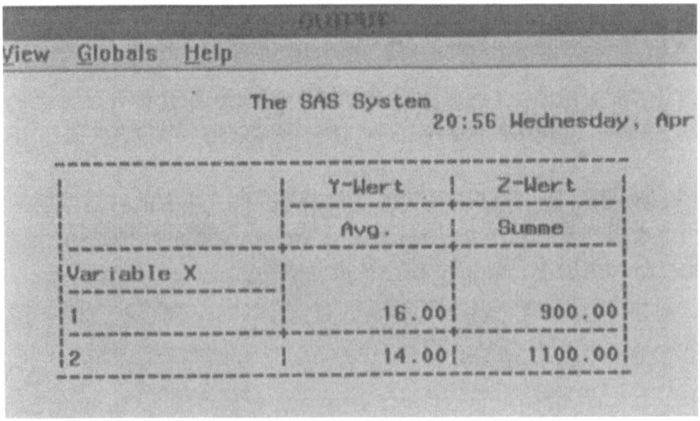

```
 View   Globals   Help

                        The SAS System
                                     20:56 Wednesday, Apr

      ----------------------------------------------------------
      |                        |    Y-Wert     |    Z-Wert     |
      |                        |---------------+---------------|
      |                        |     Avg.      |     Summe     |
      |------------------------+---------------+---------------|
      |Variable X              |               |               |
      |------------------------|               |               |
      |1                       |        16.00  |       900.00  |
      |------------------------+---------------+---------------|
      |2                       |        14.00  |      1100.00  |
      ----------------------------------------------------------
```

Beschriftete Ausgabe.

Fein, nicht? Kümmern wir uns jetzt um Klammern. Durch Klammern können wir Gruppen definieren. Ein Beispiel: Wir wollen für Y und Z einen Durchschnittswert bilden. Dazu benützen wir folgenden TABLE Befehl:

```
TABLE X='Variable X', mean='Durchschnitt
      von...'*(Y='Y-Wert' Z='Z-Wert');
```

```
 View   Globals   Help

                        The SAS System
                                    20:56 Wednesday, Ap

 --------------------------------------------------------
 |                      |   Durchschnitt von...          |
 |                      |--------------------------------|
 |                      |   Y-Wert   |   Z-Wert          |
 |----------------------|------------+-------------------|
 |Variable X            |            |                   |
 |----------------------|            |                   |
 |1                     |      16.00 |         180.00    |
 |----------------------|------------+-------------------|
 |2                     |      14.00 |         220.00    |
 --------------------------------------------------------
```

Ausgabe mit neuer Beschriftung.

Somit kommen wir der Sache doch schon recht nahe. Der TABLE Befehl ist sehr mächtig und umfangreich, deshalb beschränken wir uns jetzt auf „nur" noch zwei weitere Möglichkeiten. Als erstes das Formatieren von Spalten. Wenn Sie z.B. der Y-Spalte ein Format zuweisen wollen, tun Sie das über einen weiteren Stern und die Angabe des Formates in der Form

    variable*F=formatname.

Das neue Programm sieht dann wie folgt aus (Beispiel 5.1.8):

```
PROC TABULATE DATA=SASUSER.TABELLE;
CLASS X;
VAR Y Z;
TABLE X  ='Variable X',
    mean ='Durchschnitt von...' *
    (Y   ='Y-Wert'            * f=7.
     Z   ='Z-Wert');
RUN;
```

```
 Globals   Help

                    The SAS System
                              20:56 Wednesday

 -------------------------------------------------
 |              |Durchschnitt von... |
 |              |--------------------|
 |              |Y-Wert |  Z-Wert    |
 |--------------+-------+------------|
 |Variable X    |       |            |
 |------------- |       |            |
 |1             |     16|      180.00|
 |--------------+-------+------------|
 |2             |     14|      220.00|
 -------------------------------------------------
```

Ausgabe zu Beispiel 5.1.8.

Die über mehrere Zeilen aufgeteilte Schreibweise des TABLE Befehls, wie Sie sie oben sehen, ist übrigens eine etwas übersichtlichere als die, im normalen Fließtext zu schreiben. Zum Ergebnis: Sie sehen, daß die Spalte Y jetzt ohne Nachkommastellen dargestellt wird und sich die Spaltenbreite verändert hat. Abschließend noch ein Beispiel für eine dreidimensionale Tabelle. Herausfinden wollen wir die Summe der Z-Werte, gruppiert nach Y-Werten, und diese wiederum gruppiert nach X-Werten. Dazu verwenden wir folgenden PROC TABULATE (Beispiel 5.1.9):

```
PROC TABULATE DATA=SASUSER.TABELLE;
CLASS X Y;
VAR Z;
TABLE   X='VARIABLE X',
        Y='VARIABLE Y',
        Z='Z-WERT' * SUM = 'SUMME'
BOX=_PAGE_;
RUN;
```

Wir haben jetzt zwei CLASS Variablen und im TABLE Befehl zwei Kommas. Eine weitere Neuerung ist der Schrägstrich. Hinter dem Schrägstrich im TABLE Befehl können Optionen angegeben werden. Die hier verwendete Option BOX=_PAGE_ bewirkt, daß in dem Kasten oben links der Tabelle der X Wert und das X Label angezeigt werden. Die Ausgabe erstreckt sich jetzt über zwei Seiten und sieht wie folgt aus.

```
 Globals  Help

                    The SAS System
                                  20:56 Wednesday

     --------------------------------------------
     |VARIABLE X 2      |      Z-WERT      |
     |                  |   ---------------|
     |                  |      SUMME       |
     |------------------+------------------|
     |VARIABLE Y        |                  |
     |------------------|                  |
     |10                |          600.00  |
     |------------------+------------------|
     |20                |          500.00  |
     --------------------------------------------
```

Ausgabe zu Beispiel 5.1.9.

Soweit zum TABLE Befehl. Die Empfehlung hier: Ganz besonders viel
üben, dann können mit der Prozedur TABULATE dies schönsten Berichte erzeugt werden.

– FREQ variable;
Hinter dem FREQ Befehl können Sie maximal eine numerische Variable
angeben. PROC TABULATE liest dann aus dieser Variablen die Häufigkeit der Observation. Das heißt, wenn Sie FREQ verwenden, wird jede
Observation der Eingabedatei so oft gelesen, wie es in der bei FREQ
angegebenen Variablen spezifiziert ist. Wenn der Wert der FREQ Variablen nicht ganzzahlig ist, wird er bis zur ganzen Zahl abgeschnitten,
wenn der Wert kleiner als 1 ist, wird der Datensatz übergangen. Um
das auszuprobieren, nehmen Sie einfach unser erstes TABLE Beispiel
und fügen einen FREQ Befehl ein, also (Beispiel 5.1.10):

```
PROC TABULATE DATA=SASUSER.TABELLE;
VAR X;
FREQ Y;
TABLE X;
RUN;
```

Lassen Sie dann einmal den FREQ Befehl aus und vergleichen Sie die
Ergebnisse. Sie werden sehen, daß zwei unterschiedliche Summen für
X berechnet werden.

– KEYLABEL schlüsselwort='Beschreibung' ... ;
Wie Sie bereits beim TABLE Befehl gesehen haben, kann man den Statistiken, die für PROC TABULATE zur Verfügung stehen, für die Ausgabe andere Texte zuweisen. Entweder tun Sie das im TABLE Befehl (Sie wissen schon, die Zuordnung mit dem „="-Zeichen) oder Sie benutzen den KEYLABEL Befehl. Die Syntax ist bereits oben angegeben, hier noch ein Beispiel:

```
KEYLABEL sum='Summe' mean='Durchschnitt';
```

– WEIGHT variable;
Mit der Prozedur TABULTE stehen Ihnen 18 verschiedene Statistiken zur Verfügung, die Sie auf Ihre Variablenwerte anwenden können. Eine Liste dieser Statistiken folgt anschließend. Einige dieser Statistiken können mit Gewichtungen rechnen. Hierzu wird dann die Variable verwendet, die Sie beim WEIGHT Befehl angeben. Die genaue Berechnung der einzelnen Statistiken entnehmen Sie bei gesteigertem Interesse bitte dem SAS Procedures Guide.

So weit, so gut. Nun Liste der Statistiken, die mit der Prozedur TABULATE verwendet werden können.

CSS	korrigierte Summe der Quadrate
CV	Varianzkoeffizient
MAX	Maximalwert
MEAN	arithmetisches Mittel
MIN	Minimalwert
N	Anzahl der Observations mit nicht fehlenden Werten
NMISS	Anzahl der Observations mit fehlenden Werten
PCTN	prozentualer Anteil einer Häufigkeit
PCTSUM	prozentualer Anteil einer Summe
PRT	Signifikanzniveau des t-Werts bei zweiteiliger Fragestellung
RANGE	der Bereich von MIN-MAX
STD	Standardabweichung
STDERR	Standardschätzfehler des Mittelwertes
SUM	Summe
SUMWGT	Summe der Gewichte
USS	Unkorrigierte Summe der Quadrate
T	t-Wert
VAR	Varianz

Wie bereits angemerkt: Die Berechnung der Statistiken finden Sie im SAS Procedures Guide. Die gesamte Prozedur TABULATE ist sehr umfangreich und mächtig, deshalb ist einige Übung erforderlich, um auch genau das Ergebnis zu erzielen, das Sie haben wollen. Aber mit den Grundprinzipien, die Sie jetzt gerade gelernt haben, sollte es Ihnen leicht fallen, Ihre Berichte zu erzeugen. Alle zusätzlichen Möglichkeiten und Optionen der Prozedur TABULATE finden Sie im SAS GUIDE TO TABULATE PROCESSING, einem eigenen Handbuch zu dieser Prozedur. Und jetzt: Nichts wie ran !

5.1.3 Berichtsdesign mit PROC REPORT

Jetzt kommen wir zu einer für Sie angenehmen und für den Autor unangenehmen Aufgabe: Die Beschreibung einer Prozedur, die hauptsächlich Ihre Stärken im menügesteuerten Modus hat. Für Sie angenehm, weil Sie viel ausprobieren können, für uns unangenehm, weil eine Menge umschrieben werden muß. Aber was tun wir nicht alles für Sie...

Es geht um die Prozedur REPORT. Diese Prozedur ist erst seit der SAS Version 6 verfügbar und ist auch für alte SAS Reporting Hasen eine völlige Neuheit. Diese hatten sich daran gewöhnt, bei etwas individuelleren Fragestellungen auf den DATA STEP zurückzugreifen. Ganz ohne den DATA STEP kommt man heute auch noch nicht aus, aber PROC REPORT geht einen großen Schritt in Richtung des komfortablen Berichtsdesigns voran.

Das Prinzip von PROC REPORT ist zweigeteilt: Zum einen gibt es einen menügesteuerten Modus der Berichtsdefinition, zum anderen gibt es auch eine eigene PROC REPORT-Befehlssprache. Mit beiden Mitteln kann ein Berichtslayout erstellt und als Catalog-Eintrag abgelegt werden (was ein Catalog ist wissen Sie hoffentlich noch, erinnern Sie sich an die Schränke und Töpfe).Wir werden uns beide Betriebsarten von PROC REPORT zu Gemüte führen, können allerdings auch hier nicht mehr als eine Einführung vornehmen, da auch diese Prozedur Stoff genug für ein eigenes Lehrbuch bietet. Trotzdem werden Sie die Prozedur REPORT nach diesem Kapitel einsetzen können und auch recht ansehnliche Berichte mit Ihr erzeugen.

Womit fangen wir am besten an? Natürlich mit dem Aufruf, also der generellen Syntax von PROC REPORT, die da wäre:

```
PROC REPORT DATA=[SAS-Datei] REPORT=[report] optionen;
[report befehle];
RUN;
```

Nun, der Anfang war uns ja schon klar: PROC REPORT. Weiterhin bekannt ist: Wenn ich einen Bericht erzeugen will, brauche ich auch eine

Datei, und diese gebe ich mit DATA= an. Auch gut. Jetzt geht es los: Der nächste Parameter lautet REPORT=report. Wenn Sie bereits einen Bericht erzeugt haben, und diesen ausführen oder verändern wollen, können Sie den Namen hier angeben. Und dann wären da noch die Optionen. Nun, derer gibt es viele. Für den Anfang reichen aber erst einmal drei, ehe es zu kompliziert wird. Diese Optionen heißen WINDOWS, NOWINDOWS und PROMPT. Machen wir doch gleich einmal die Probe auf's Exempel: Führen Sie folgenden PROC REPORT-Aufruf aus ! (Beispiel 5.1.11)

```
PROC REPORT DATA=SASUSER.ADRESSEN NOWINDOWS;
RUN;
```

Somit hätten Sie einen einfachen Bericht à la PROC PRINT erzeugt. Als Option haben Sie NOWINDOWS verwendet, was PROC REPORT mitteilt, daß nicht im menügesteuerten oder im Vollschirmmodus gearbeitet werden soll. Wenden wir uns jedoch nun dem PROC REPORT PROMPTER zu, dem Modus, in dem Sie PROC REPORT interaktiv, also im Frage- und Antwortspiel, mitteilen, was mit welcher Variablen Ihrer Datei in dem Bericht passieren soll. Um den PROMPTER zu aktivieren, rufen Sie PROC REPORT wie folgt auf (Beispiel 5.1.12):

```
PROC REPORT DATA=SASUSER.ADRESSEN PROMPT;
RUN;
```

Jetzt fängt es an, für den Schreiberling kompliziert zu werden! Wie beschreibe ich Ihnen die Fenster, die Sie sehen? Am besten zeige ich Sie Ihnen, und Sie machen nach, was ich Ihnen zeige. Danach werden wir noch mal die Möglichkeiten, die ich Ihnen nicht zeige, theoretisch durchgehen, und Sie üben, üben, üben.

O.K., los gehts. Wenn Sie PROC REPORT so wie angegeben aufgerufen haben, erscheint folgender Schirm:

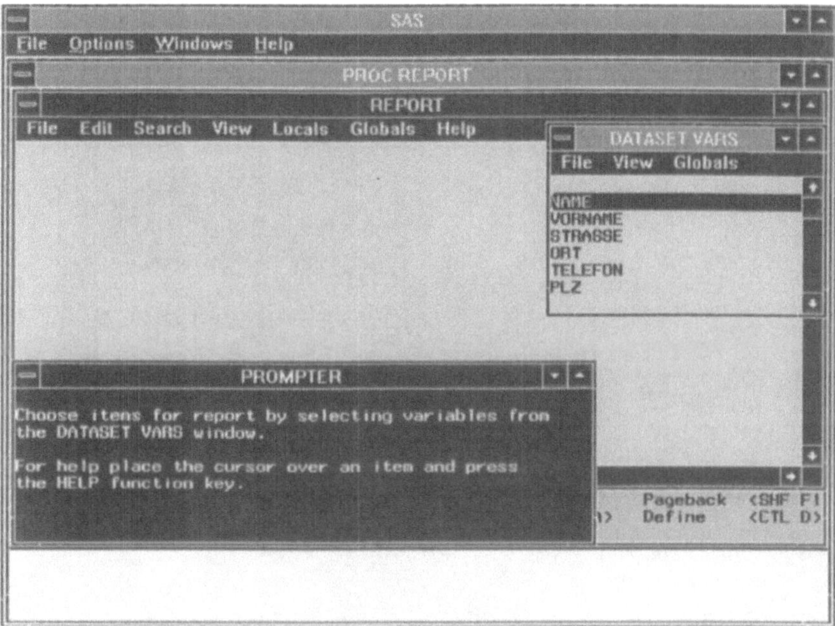

PROC REPORT – Startfenster im PROMT-Modus.

In dem Fenster rechts oben (DATASET VARS) können Sie die Variablen, die in Ihrem Bericht erscheinen sollen, auswählen. Die Reihenfolge, wie die Variablen im Bericht erscheinen, ist die Reihenfolge, in der Sie die Variablen auswählen. Die Auswahl erfolgt entweder über das An- klicken mit der Maus oder falls keine Maus vorhanden ist, positionieren Sie den Cursor darauf (Cursor-Tasten!) und drücken Sie die Daten- freigabe-Taste. Wenn Sie damit fertig sind, wählen Sie in dem Fenster DATASET VARS das Pull-Down Menu FILE (DATEI) und den Punkt END (ENDE).

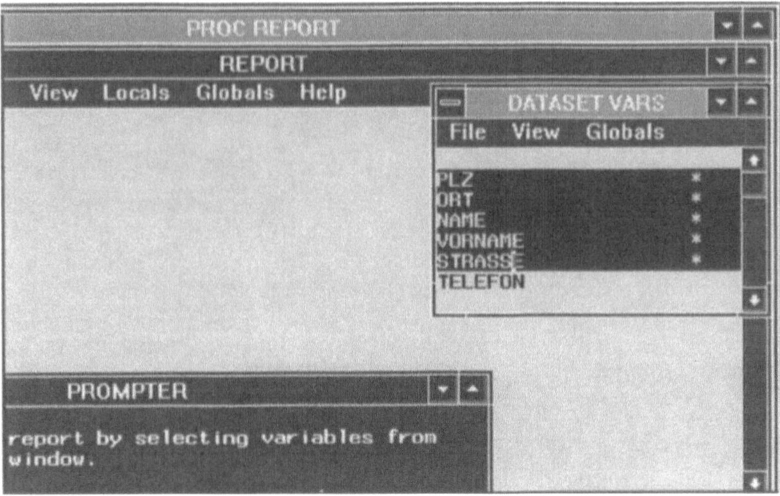

Ausgewählte Variablen.

Jetzt kommen Sie automatisch ins DEFINE Fenster, wo Sie jetzt in der Reihenfolge, in der Sie die Variablen ausgewählt haben, die Attribute für jede Variable angeben können.

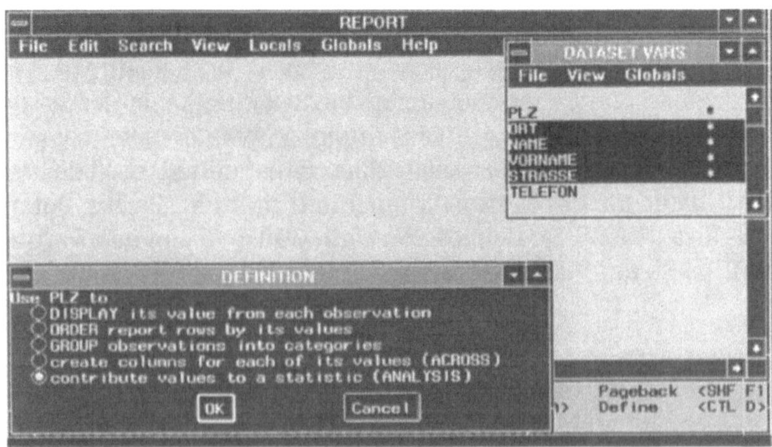

Offene Fenster.

Die Attribute haben hier folgende Bedeutungen:

DISPLAY   Einfaches Anzeigen der Variable
ORDER   Die Berichtsanzeige nach dieser Variable sortieren
GROUP   Untergruppen nach den Ausprägungen dieser Variable bilden

ACROSS   Die Ausprägungen dieser Variable als horizontale Grup-
          pierung verwenden
ANALYSIS Die Werte dieser Variable statistisch analysieren (Summen,
          Standardabweichungen etc. stehen zur Verfügung)

Je nach Auswahl wird für die Variable in den nächsten entsprechenden
Schirm weiterverzweigt. Für die jetzt angezeigte Variable PLZ wollen
wir Gruppen bilden, d.h. wir wollen die Liste unserer Freunde nach
Orten gruppieren. Wählen Sie deshalb Group. Mit OK gehen Sie weiter
in der Definition voran.

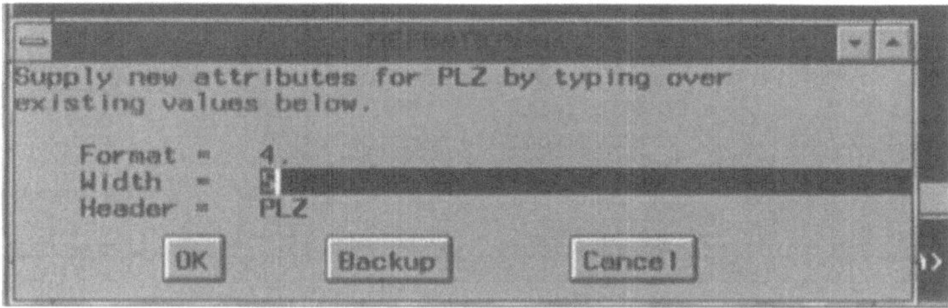

Feldattribute.

Dieser Schirm erlaubt es Ihnen jetzt, die Breite der Berichtsspalte, deren
Format, den Abstand zur nächsten Spalte (SPACING) und die Spaltenüberschrift anzugeben. Mit OK geht es weiter.

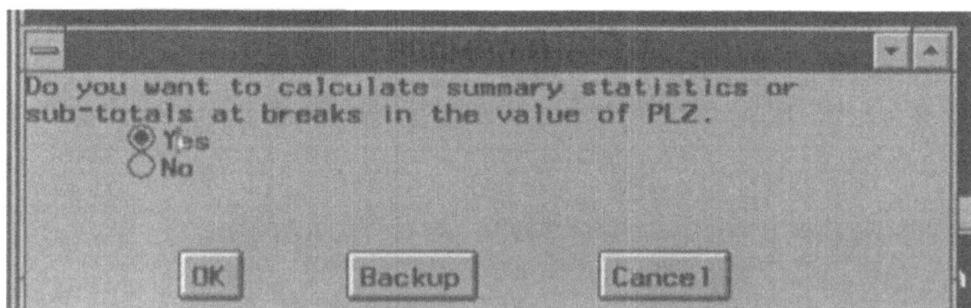

Zwischensummen – Ja oder Nein.

Wenn Sie z.B. einen Gruppenwechsel programmieren wollen, also
Summen oder andere Analysen für numerische Variablen bezogen auf
diese Gruppierungsvariable, können Sie in diesem Fenster YES auswählen und werden dann nach den Spezifikationen für den Gruppenwechsel gefragt. Da wir in unserem Beispiel keine Variablen zum Analysieren haben, sagen wir NO und wählen OK, woraufhin das DEFINE
Fenster für unsere nächste Variable erscheint.

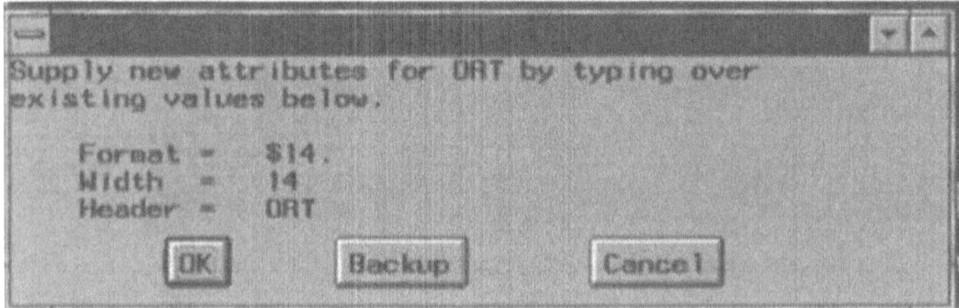

Definition für ORT.

Mit dem ORT haben wir nichts anderes vor, als ihn anzuzeigen, also wählen wir DISPLAY.

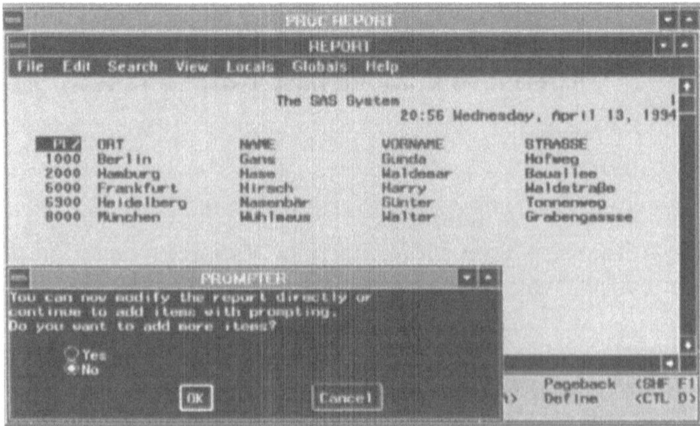

Variable Attribute für ORT.

Dieses Fenster ist bekannt, geben Sie hier die Überschrift an. Für den Namen und die Strasse tun Sie jetzt einfach das gleiche, überlegen Sie sich die Darstellung und geben Sie die Werte an.

Wenn Sie bei der letzten Variablen angekommen sind und nun OK drücken, bekommen Sie im Hintergrund den Report angezeigt, wie Sie ihn bis jetzt „designt" haben, und im Vordergrund erscheint dieses Fenster:

Voraus-Ansicht des Berichtes.

Wenn Sie im PROMPTER Fenster die Option YES wählen, können Sie interaktiv noch Spaltengruppen bilden oder neue Variablen berechnen, wenn Sie NO wählen, können Sie den Bericht direkt modifizieren. Ich entscheide mich an dieser Stelle meistens für NO, aber das bleibt Ihnen ganz überlassen. Sie sollten allerdings auch nein wählen, wenn Sie dieses Bild vor sich haben wollen:

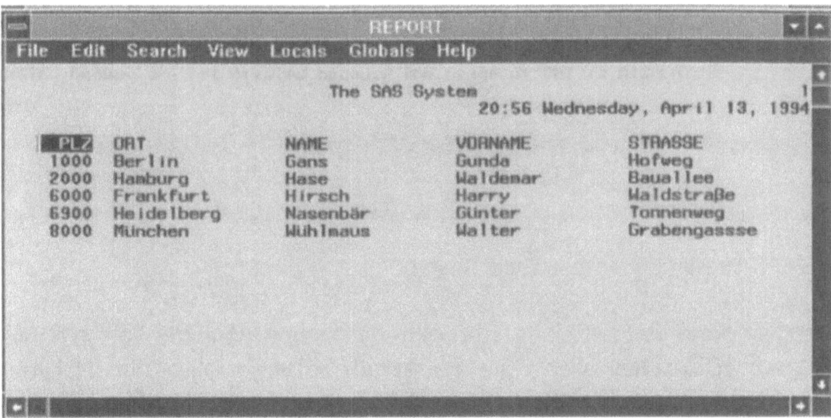

Aktueller Bericht.

Dieser Report ist ja schon ganz hübsch, trotzdem verwenden wir aber noch mit ein paar weitere PROC REPORT Features.

Sie wollen z.B. eine Spalte vergrößern, z.B. den ORT. Klicken Sie dazu die Spalte an (mitten drin), bzw. „positionieren Sie Ihren Cursor und betätigen Sie die Datenfreigabetaste" (ich glaube, Sie wissen inzwischen, was ich meine). Die Spalte wird dann revers hinterlegt dargestellt, und Sie können mit den am Fuß des Fensters angezeigten PF- (Funktions)-Tasten arbeiten, um die Spalte zu vergrößern. Die Funktion, die wir brauchen, ist CGROW, in unserem Fall die PF-Taste 5, und wenn wir diese Taste drücken, wird die markierte Spalte Zeichen für Zeichen größer (breiter).

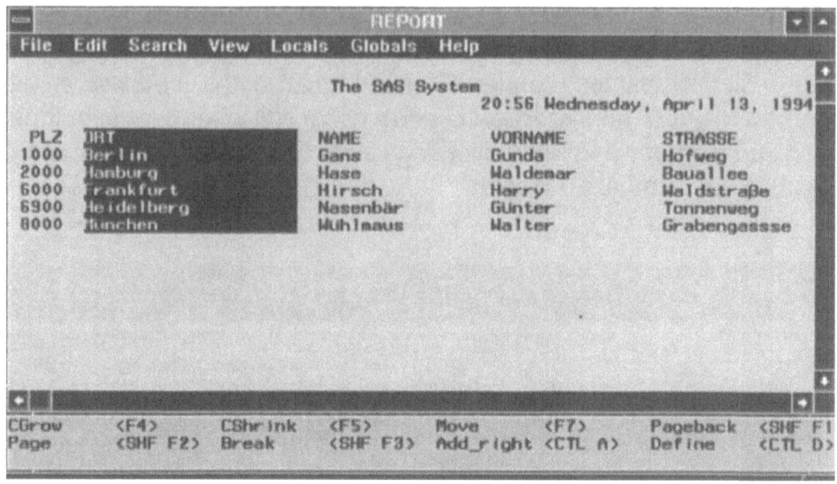

REPORT Fenster mit ausgewählter Spalte.

Jetzt sind mal wieder Sie an der Reihe: Verkleinern Sie die Spalte NAME bis auf 10 Zeichen.Wenn Sie dies getan haben, wollen wir die Überschrift der Spalte NAME in NACHNAME ändern. Klicken Sie dazu die Spalte NAME an und drücken Sie dann die PF-Taste für DEFINE (PF 8 bei uns). Folgendes Fenster erscheint jetzt:

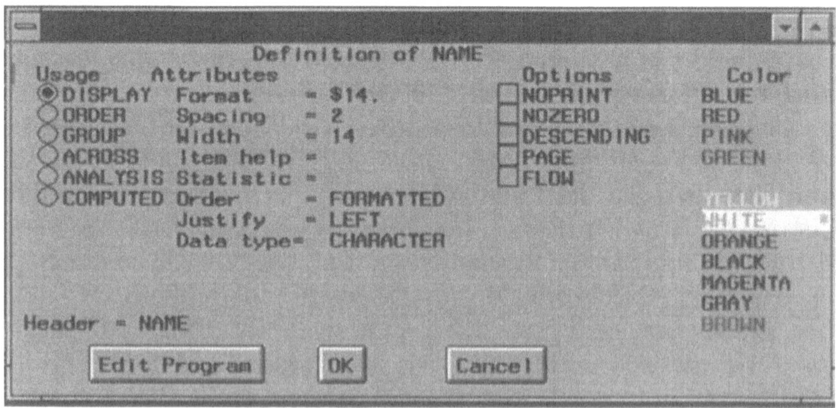

Definitions-Fenster.

Hier können Sie alle Attribute einer Spalte redefinieren. Überschreiben Sie jetzt Name mit Nachname und drücken Sie OK. Sie können auch noch andere Parameter ausprobieren. Verlassen Sie dann das DEFINE-Fenster. Runden wir jetzt das REPORT-Bild ab und wählen das Pull-Down-Menu LOCALS (LOKAL) aus und darunter die Option ROPTIONS

(Optionen). Hier finden Sie einige interessante Optionen, gängig und schön für einen Einsteiger sind die Optionen HEADLINE und HEADSKIP. Wählen Sie diese Optionen aus und verlassen Sie dieses Fenster.

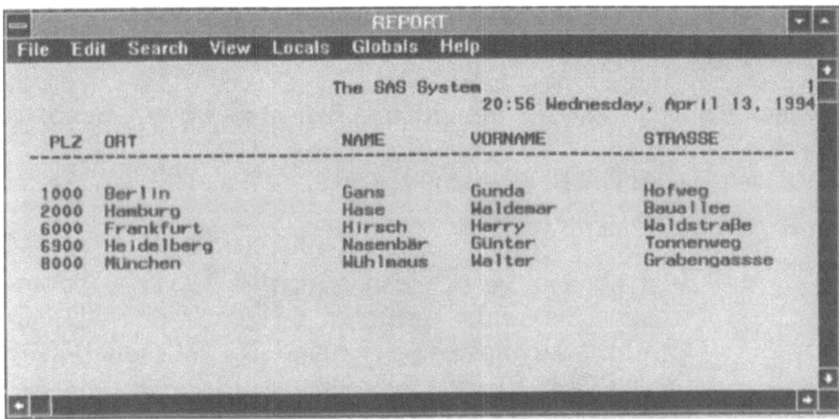

Fertiger Bericht.

Dies soll uns als Design-Studie genügen. Auf explorative Art und Weise werden Sie noch einiges über PROC REPORT herausfinden können. Speichern wir aber erst einmal unser Meisterwerk ab. Wählen Sie hierzu das Pull-Down-Menu FILE (Datei) und die Option RSTORE (Speichern). Hier können Sie Ihrem Report eine Beschreibung und einen Namen geben, z.B. „Report für Orte", 1 = „SASUSER", 2 = „ADRESSEN", 3 = „ORTEREP". Mit OK wird gespeichert, und wenn der Katalog nicht existiert, bekommen Sie eine Warnung, daß ein neuer angelegt wurde. Zum Verlassen von PROC REPORT wählen Sie jetzt FILE->QUIT. Wenn Sie den gespeicherten Report jetzt aufrufen wollen, benutzen Sie folgende Syntax (Beispiel 5.1.13):

```
PROC REPORT DATA=SASUSER.ADRESSEN
REPORT=SASUSER.ADRESSEN.REPORT NOFS;
RUN;
```

NOFS steht hier für NO FULL SCREEN. Wenn Sie FS angeben, kommen Sie wieder in den Definitionsmodus und können den Bericht anpassen. So, wie schon angedeutet, ging es nur um ein kurzes Beispiel. Wenn Sie mehr zum Thema Report wissen wollen, gibt es drei Möglichkeiten:
1. Demnächst erscheint ein Buch in dieser Reihe zu diesem Thema, das Sie (gerne) lesen können
2. Sie lesen das SAS Handbuch
3. Sie besuchen einen Kurs

Wir werden auf jeden Fall nicht detaillierter werden, denn: Das nächste Thema drängelt schon. Was Sie auf jeden Fall wissen sollten: PROC REPORT Berichte kann man nicht nur interaktiv definieren, sondern auch mit einer eigenen Kommandosprache im Programm Editor. Wenn Sie die Syntax von PROC REPORT kennenlernen möchten, dann tun Sie folgendes:

1. Rufen Sie PROC REPORT mit unserem Bericht im Vollschirmmodus auf.
2. Wählen Sie das Pull-Down-Menu LOCALS.
3. Wählen Sie die Option LISTING.

Jetzt können Sie sich den erzeugten Source-Code anschauen. Sie werden feststellen: So kompliziert ist das gar nicht! Die wichtigsten Befehle sind COLUMN und DEFINE sowie COMPUTE, den Sie in diesem Listing gar nicht vorfinden. Er sei nur der Vollständigkeit halber erwähnt. Soweit eine kurze Einführung in PROC REPORT.

5.1.4 Der DATA STEP als Berichtswerkzeug

In den älteren Versionen des SAS Systems war es noch sehr häufig notwendig, besondere Berichtswünsche sozusagen manuell mit dem DATA STEP abzudecken. Der DATA STEP ist ja, wie Sie bereits wissen, eine vollständige Programmiersprache. Mit dieser Sprache können Sie natürlich auch Berichte erzeugen. Die grundlegenden Befehle dazu haben Sie schon kennengelernt, aber das war vor einigen Kapiteln. Deshalb eine kleine Wiederholung:

- DATA [Ausgabe-SAS Datei];
- SET [Eingabe-SAS Datei];
- FILE [Ausgabe-Externe-Datei];
- PUT [variablen];

Dies sind erst einmal die wichtigsten Befehle, um einen DATA STEP-Bericht zu erzeugen. Kümmern wir uns jetzt erst einmal um eine einfache Liste, wie sie z.B. von einem PROC PRINT erstellt wird. Wie müßte der DATA STEP dazu aussehen? Nun, anfangen muß er mit dem DATA Befehl, aber ... – was für eine Ausgabe-SAS Datei sollen Sie angeben? Na, erinnern Sie sich, etwas ähnliches hatten wir schon einmal: Wir haben statt einer SAS Datei dort _NULL_ angegeben, was soviel heißt wie: Erzeuge keine Ausgabe-SAS Datei. Also lautet der erste Befehl für einen DATA STEP-Bericht: DATA _NULL_;

Tja, wir erzeugen keine SAS Datei als Ausgabe, aber irgendeine Ausgabe wollen wir schon erzeugen. Das müssen wir dem DATA STEP also mitteilen. Dafür gibt es beim FILE Befehl ein Schlüsselwort: PRINT. PRINT gibt an, daß die Ausgabe gleich der Standard SAS Druckausgabe sein soll, also (wenn nichts anderes angegeben ist) das OUTPUT Fenster. Also ist der nächste Befehl schon perfekt: FILE PRINT;

Als nächstes kümmern wir uns um die Eingabe-SAS Datei. Dafür haben wir ja den SET Befehl kennengelernt. Wir wollen als erstes einen Bericht über die Datei SASUSER.ADRESSEN erzeugen, also lautet unser SET Befehl wie folgt: SET SASUSER.ADRESSEN; Bis jetzt sieht unser DATA STEP also so aus:

```
DATA _NULL_;                 keine Ausgabe-SAS Datei
    FILE PRINT;              Ausgabe in Standard SAS Ausgabe
    SET SASUSER.ADRESSEN;    Eingabe-SAS Datei
```

Was fehlt noch zum Bericht? Die Überschriften und die Datenausgabe! Jetzt wird es etwas unkomfortabel und der Unterschied zwischen den Berichtsprozeduren und dem DATA STEP wird klar erkennbar. Während bei den Berichtsprozeduren Dinge wie z.B. Überschriften und Fußzeilen automatisch erstellt und positioniert werden, müssen diese Dinge beim DATA STEP manuell „programmiert" werden. Wir kennen den DATA STEP ja als eine „Schleife", die für jede Observation der Eingabe-SAS Datei einmal durchlaufen wird. Nun wollen wir z.B. nur vor der Ausgabe der ersten Observation eine Zeile mit Spaltenüberschriften drucken. Also müssen wir eine Abfrage einbauen, die sinngemäß lautet:

„Wenn Du das erste mal durch den DATA STEP läufst, dann gebe folgende Zeile mit Überschriften aus: ... „

Diese Abfrage formulieren wir im DATA STEP wie folgt:

```
IF _N_ = 1 THEN DO;
PUT ......
END;
```

Die automatische Variable _N_ haben Sie bereits kennengelernt und wissen, daß Sie die Anzahl der Durchläufe des DATA STEPs beinhaltet. Auch die IF-THEN-ELSE Konstruktion ist uns nicht mehr unbekannt, so daß wir nicht mehr näher hierauf eingehen müssen. Jetzt ist es an der Zeit, den PUT Befehl etwas mit Leben zu füllen und das Berichts-Layout zu gestalten. Wie Sie wissen, funktioniert der PUT Befehl genau wie der INPUT Befehl, also können wir auch hier mit direkter Positionierung arbeiten. Eine Möglichkeit, die Zeile mit den Spaltenüberschriften zu positionieren, wäre die folgende:

```
PUT @10 'Name' @25 'Vorname' @40 'Straße' @55 'PLZ' @60 'Ort';
```

Wenn Sie die einzelnen Spaltenüberschriften noch unterstreichen wollen, fügen Sie folgende Zeile hinzu:

```
PUT @10 '----' @25 '-------' @40 '-------' @55 '---' @60 '---';
```

So, jetzt hätten wir auch die Spaltenüberschriften. Nun schreiben wir die Datenzeilen. Dies tun wir nicht mehr innerhalb der IF-Abfrage, denn wir wollen ja nicht nur den ersten, sondern alle Datensätze der Datei ausgeben.

Die Positionierung ist die gleiche wie bei den Spaltenüberschriften, nur daß wir jetzt keine Texte sondern die Variablennamen der Eingabedatei angeben. Das ergibt dann folgenden Befehl:

```
PUT @10 NAME @25 VORNAME @40 STRASSE @55 PLZ @60 ORT;
```

Das wär's mal wieder zum Programmieren, jetzt können Sie diesen kompletten DATA STEP mal ausprobieren (Beispiel 5.1.14):

```
DATA _NULL_;
FILE PRINT;
SET SASUSER.ADRESSEN;
IF _N_ = 1 THEN DO;
    PUT @10 'Name' @25 'Vorname' @40 'Straße' @55 'PLZ'
    @60 'Ort';
    PUT @10 '----' @25 '-------' @40 '-------'
    @55 '---' @60 '---';
END;
PUT @10 Name @25 Vorname @40 Strasse @55 PLZ
    @60 Ort;
RUN;
```

Feine Ausgabe und völlig frei gestaltbar. Wir wollen Sie hier zwar nicht zu Programmierern machen, aber: Einem solchen würden sich beim Anblick unseres mühsam erstellten Machwerkes die Nackenhaare aufstellen. Warum ? Na ja, wir haben jetzt eine echte LISTE geschrieben...,- und die Seitenwechsel völlig außer acht gelassen. Stellen Sie sich mal vor, Sie haben mehr als fünf oder sechs Freunde ... – in Ihrer Datei meine ich jetzt. Also wird irgendwann mal eine zweite Seite dazu kommen. Und da stehen keine Spaltenüberschriften. Und je nach dem, wie merkwürdig Ihre Freunde benannt sind, wissen Sie nicht, was der Vor- oder der Nachname ist, im schlimmsten Fall verwechseln Sie diese noch mit dem Straßennamen.

Spaß bei Seite, sicher ist, daß Ihr Bericht noch nicht perfekt ist. Darum müssen wir uns kümmern. Also: Seitenumbruchsteuerung. Die generellen Optionen für einen Seitenumbruch haben Sie bereits in einem Exkurs kennengelernt. Wie wirken diese Optionen eigentlich?

Jetzt werden Zusammenhänge klar: Die Option PAGESIZE wirkt sich auf das Ausgabe-File aus.Wenn wir jetzt im DATA STEP als Ausgabefile PRINT spezifizieren, ist dies unser Ausgabefenster, daß sich für uns allerdings im DATA STEP wie eine sequentielle Ausgabedatei verhält. Das wiederum bedeutet, daß ich alle Optionen des FILE Befehles verwenden kann, und da gibt es einige interessante, z.B. die Option LL=variable. Diese Option bedeutet soviel wie LINES LEFT und gibt in eine Variable kontinuierlich die Information, wie viele Zeilen auf meiner „Ausgabeseite" noch frei sind. Dies wiederum ist abhängig von der Option PAGESIZE (PS=), die ich ja frei definieren kann. Ziemlich abstrakt, wie? Dann lassen Sie uns unseren DATA STEP etwas erweitern, um etwas deutlicher zu machen, wie das funktioniert. Also (Beispiel 5.1.15):

```
DATA _NULL_;
FILE PRINT LL=ZEILEN;
SET SASUSER.ADRESSEN;
IF _N_ = 1 THEN DO;
    PUT;
   PUT @10 'Name' @25 'Vorname' @40 'Straße' @55 'PLZ'
        @60 'Ort';
   PUT @10 '----' @25 '-------' @40 '------'
        @55 '---' @60 '---';
END;
PUT @10 Name @25 Vorname @40 Strasse @55 PLZ @60
    Ort;
IF ZEILEN < 3 THEN DO;
   PUT _PAGE_;
   PUT;
   PUT @10 'Name' @25 'Vorname' @40 'Straße' @55 'PLZ'
        @60 'Ort';
   PUT @10 '----' @25 '-------' @40 '---' @55 '---'
        @60 '---';
END;
RUN;
```

Folgende Änderungen sind hier vorgenommen worden:

1. Im FILE Befehl ist die Option LL=ZEILEN hinzugefügt worden. Dies bewirkt, daß im DATA STEP eine Variable mit dem Namen Zeilen zur Verfügung steht, die beinhaltet, wie viele Zeilen auf der aktuellen Ausgabeseite noch zur Verfügung stehen.
2. Der Befehl PUT; ist hinzugefügt worden. Das peppt die Ausgabe durch eine eingefügte Leerzeile optisch noch etwas auf.
3. Die IF-Abfrage IF ZEILEN < 3 THEN DO; ist neu. Hier wird abgefragt, ob noch mehr als drei Zeilen auf der Seite frei sind. Wenn nicht, wird als erstes
4. der Befehl PUT _PAGE_ (auch neu) ausgeführt, der einen Seitenvorschub bewirkt.
   Danach wird einfach
5. die Spaltenüberschrift noch einmal ausgegeben.

Das war's schon. Jetzt haben Sie einen dynamischen Seitenvorschub, abhängig von der Seitenlänge, die Sie mit der Option PAGESIZE angegeben haben. Zugegeben, für jeden unter Ihnen, der schon ein wenig programmiert hat, wird das soeben geschriebene Programm zumindest an einer Stelle etwas seltsam sein: Warum geben wir die gleiche Überschriftenzeile zwei mal an ? Erinnern wir uns mal an folgendes: Man kann in IF-Abfragen auch mit logischen Verkettungen von Operatoren arbeiten. Wenn wir uns dies ins Gedächtnis rufen, können wir ja den DATA-Step etwas „aufmotzen", indem wir uns eine IF-Abfrage sparen und statt dessen eine OR-Verkettung einfügen. Ehe lange Erklärungen folgen, das „getunete" Programm (Beispiel 5.1.16):

```
DATA _NULL_;
FILE PRINT LL=ZEILEN;
SET SASUSER.ADRESSEN;
IF _N_ = 1 OR ZEILEN < 3 THEN DO;
    PUT;
    PUT @10 'Name' @25 'Vorname' @40 'Straße' @55 'PLZ'
        @60 'Ort';
    PUT @10 '----' @25 '-------' @40 '------'
        @55 '---' @60 '---';
END;
PUT @10 Name @25 Vorname @40 Strasse @55 PLZ
    @60 Ort;
RUN;
```

Die Verbesserung ist deutlich: Wir haben uns 5 Zeilen gespart, indem wir einfach eine Abfrage kombiniert haben, also sinngemäß sagen: „Wenn Du zum ersten mal durch den DATA STEP läufst ODER weniger als 3 Zeilen auf der Seite frei sind, dann..." usw. Signifikant, oder, Artur?

Um jetzt das Bild vom DATA STEP Berichtswesen etwas abzurunden, erstellen wir jetzt noch einen Bericht. Bis jetzt haben wir ja „nur" Daten aufgelistet. Eine sehr häufige Anforderung ist es, pro Datensatz eine Berichtsseite zu erzeugen, z.B. für Fragebögen mit vorab eingetragenen Stammdaten. Ein solches Beispiel führen wir jetzt mit unserer

FBVN-Datei durch (SASUSER.ADRESSEN), indem wir einen Fragebogen „designen", auf dem die Stammdaten unserer Freunde bereits eingetragen sind, und wir Freiraum für neue Infos auf dem Blatt bereitstellen, wie z.B. „Automarke, Kennzeichen, Zufriedenheitsgrad" oder so. Folgenden DATA STEP könnte man hier verwenden:

```
DATA _NULL_;
FILE PRINT;
SET SASUSER.ADRESSEN;
PUT @20 "Fragebogen für Autoliebhaber" ;
PUT @20 "=============================" ;
PUT ; PUT ; PUT ;
PUT @10 "Name:" @20 Name;
PUT @10 "Vorname:" @20 Vorname;
PUT ;
PUT @10 "Straße:" @20 Strasse;
PUT @10 "PLZ/Ort:" @20 PLZ 4. @25 Ort;
PUT ; PUT ; PUT ;
PUT "---------------------------------------";
PUT "Fragen an den Freund:"  ;
PUT ; PUT ;
PUT @10 "Was für einen Wagen fährst Du: _________ ";
PUT ;
PUT @10 "Welches Kennzeichen hast Du: __________ ";
PUT ;
PUT @10 "Wie zufrieden bist Du: _______________ ";
PUT ;
PUT @10 "Sonstige Kommentare: _________________ ";
PUT _PAGE_;
RUN;
```

So, mit dem ausgedruckten Resultat können wir jetzt unsere Freunde befragen und die Ergebnisse auf dem Bogen eintragen, um diese dann z.B. später in eine SAS Datei zu erfassen und auszuwerten.

Sie können sich sicher sein, daß man zum DATA STEP Berichtswesen noch 1000 Beispiele anführen könnte. Damit ist aber der Rahmen des Buches mal wieder überschritten. Versichern können wir Ihnen auch, daß Sie nur als wirklich hartnäckiger Anwender hinter alle Tricks des DATA STEPs kommen werden, weil es derer sehr viele gibt. Falls Sie nicht so hartnäckig sind, oder es aus Zeitgründen nicht sein können: Seien Sie nicht traurig! Mit den Mitteln, die Sie jetzt in der Hand haben, können Sie schon viele tolle Berichte erzeugen, und falls Sie ganz spe-

zielle Anforderungen haben, gibt es immer noch Speziali-
sten, die man Fragen kann. Genug der Prosa, tun Sie jetzt
mal wieder das, was ich am Ende fast jeden Kapitels emp-
fehle: Üben Sie und erstellen Sie ein paar (vielleicht auch
ausgefallene) Berichte. Auf ans Werk!

5.1.5 Tips & Tricks

In der Tips & Tricks Sektion dieses Kapitels wenden wir uns einem immer leidigen Problem zu: Sie haben ganz tolle Reports erstellt, aber wie
bringen Sie diese jetzt auf den Drucker? Problem, Problem. Ganz so
einfach ist das mit dem SAS System nicht. Folgende Dinge müssen beachtet werden: Wenn Sie etwas drucken wollen, benötigen Sie auf den
meisten Betriebssystemen zwingend einen FORM-Screen. Lobenswerte
Ausnahmen sind die Plattformen OS/2 und WINDOWS, von denen aus
das SAS System direkt die Druckereinrichtung übernimmt. Auf allen
anderen Betriebssystemen brauchen Sie den FORM-Screen.

Wie sieht jetzt so ein FORM-Screen aus und wie definieren Sie sich
einen eigenen? Nun, dazu gibt es die Prozedur FSFORMS. Diese Prozedur kann auch als Kommando aufgerufen werden, und diese Variante
ist auch empfehlenswert. Rufen Sie jetzt bitte auf:

Command ===> **FORMS DRUCKER**

Wenn Sie Pull-down-Menus eingeschaltet haben, bekommen Sie ein
„Kommando-Fenster" über die Auswahl „Globals" → „Command" →
„Command". Jetzt können Sie Definitionen für Ihren Drucker vornehmen. Im ersten Schirm werden Sie gefragt, was Sie denn für einen
Drucker haben. Nun, das kann ich Ihnen nicht sagen. Schauen Sie doch
einfach einmal drauf. Wenn Sie den Drucker gewählt haben, kommen
Sie in den ersten von mehreren Definitionsschirmen. Jetzt ist es empfehlenswert, einiges über Ihren Drucker zu wissen. Falls Sie nichts über
Ihre Unternehmensdrucker wissen, sollten Sie jemanden hinzuziehen,
der dafür zuständig ist. Der wird Ihnen auch helfen, die Definitionen
vorzunehmen. Wichtig für Sie ist noch, wie Sie von einem zum nächsten Definitionsschirm kommen. Also: Entweder Sie geben das Kommando NEXTSCR ein (PREVSCR für ZURÜCK) oder Sie wählen diesen
Befehl aus dem Pull-Down-Menu LOCALS.

Wenn Sie mit den Spezifikationen fertig sind, können Sie diesen
FORM-Screen, der übrigens in Ihrem SASUSER.PROFILE Katalog abgelegt wird, aus jedem Fentser heraus verwenden. Wenn Sie also
Ausgaben mit PROC PRINT generiert haben und im OUTPUT-Fenster
sind, können Sie in der Kommando-Zeile den Befehl PRINT

FORM=DRUCKER eingeben, und dann, wenn Sie alles richtig definiert haben, erscheint die Ausgabe auf Ihrem Drucker. Das ganze funktioniert selbstredend auch aus Pull-Down-Menus heraus.

Es gibt allerdings noch eine zweite Methode, die besonders geeignet ist, wenn Sie viele Berichte auf einmal erstellen und diese direkt auf den Drucker schicken wollen. Diese Möglichkeit ist die Prozedur PRINTTO. Diese Prozedur leitet alle erstellten Ausgaben in eine von Ihnen angegebene Ausgabe-Datei, bis Sie die Prozedur noch einmal ohne Parameter aufrufen. Das könnte so aussehen:

PROC PRINTTO NEW PRINT='dateiname';

.

.

PROC PRINT ...

.

.

weitere Berichte...

.

.

PROC PRINTTO;
RUN;

Jetzt stehen alle Ihre Ausgaben nicht im OUTPUT-Fenster, sondern in der angegeben Datei. Diese Datei können Sie jetzt mit Betriebssystemmitteln drucken, und das auch direkt aus dem SAS heraus. Dabei hilft Ihnen das X-Kommando. Mit dem X-Kommando können Sie aus dem SAS System heraus beliebige Trägersystem-Befehle absetzen. Führen wir mal zwei Beispiele an, z.B. für DOS/WINDOWS und MVS.

Als erstes die DOS/WINDOWS-Variante:

```
PROC PRINTTO NEW PRINT='C:\OUT.PUT';
PROC PRINT DATA=SASUSER.ADRESSEN;
PROC PRINT DATA=SASUSER.FREUNDE;
PROC PRINTTO; RUN;
X 'PRINT C:\OUT.PUT';
```

Somit wäre Fall 1 gelöst.

Fall2: die MVS-Variante.

```
PROC PRINTTO NEW PRINT='USERID.SAS.OUTPUT';
PROC PRINT DATA=SASUSER.ADRESSEN;
PROC PRINT DATA=SASUSER.FREUNDE;
PROC PRINTTO; RUN;
X 'printbefehl "USERID.SAS.OUTPUT" optionen';
```

Übrigens: Wenn die angegebene Datei nicht existiert, werden Sie unter MVS gerfragt, ob Sie diese Datei anlegen wollen.

Zu erwähnen bleibt noch, daß die Prozedur PRINTTO unrühmlicherweise nicht mit FORM-Schirmen funktioniert, aber: So ist das Leben (und das SAS System)! Das wär's dann auch schon zum Ausdrucken. Probieren Sie das Gelernte jetzt aus und geben Sie ein paar Berichte aus.

Zeit für ein kleines Zwischenresümee. Mit Berichtsformen kommen Sie jetzt ganz gut klar. Listen, Tabellen und frei definierbare Berichte dürften Ihnen jetzt bekannt sein. Das heißt natürlich nicht, daß Sie ab sofort ein Profi im Report Writing sind – erwartet ja auch keiner. Nein, vielmehr haben Sie mal wieder (ganz pragmatisch) die Grundkenntnisse eines Teiles des SAS Systems erworben, die es auszubauen gilt. Deshalb sollten Sie wieder Zeit in Übungen mit Ihren eigenen Daten investieren, damit sich Ihre Kenntnisse festigen, ehe Sie zu den Grafiken übergehen.

5.2 Grafiken

Oh ja, Grafiken. Kennen Sie das auch? Ein hoch-rot-köpfiger Vorgesetzter stürmt ins Zimmer mit folgender panischen Nachricht auf den Lippen:

„Der Chef will in einer Stunde in die Vorstandssitzung eine Grafik mit den Umsatzzahlen der letzten zwei Jahre mitnehmen. Die Daten stehen aber noch auf dem Großrechner in einer sequentiellen Datei. Tun Sie was! Hilfe!"

Ah ja! Not am Mann!

Einer Sache können Sie versichert sein: Dies wäre der definitiv falsche Zeitpunkt, um dieses Buch zu lesen. Das sollten Sie vorher getan haben, damit Sie zum einen wissen, wie Sie die Daten aus der sequentiellen Datei auf dem Großrechner in das SAS System herein kriegen und daraus dann auch noch eine Grafik machen. Das ist übrigens ein gutes Beispiel, das wir gleich bearbeiten werden.

Nur noch ein kurzer Überblick: Sie lernen jetzt etwas über die grafische Umgebung des SAS Systems, globale grafische Befehle, Balken-, Linien- und Kreisdiagramme sowie deren „optisches Tuning". Doch nun zurück zum Beispiel.

Gehen wir einmal davon aus, daß Sie die Datei bereits eingelesen haben, denn diese Aufgabe sollten Sie zu diesem Zeitpunkt schon beherrschen. Stellen Sie sich also vor, eine Datei wie die bereits bekannte

SASUSER.UMSATZ steht Ihnen zur Verfügung. Noch einmal zur Auffrischung der Aufbau dieser Datei:

Variablen	Typ	Länge	Format
WARENGRP	$	10	$10.
PRODUKT	$	10	$10.
DATUM	N	8	MONYY5.
ABSATZ	N	8	10.2
UMSATZ	N	8	10.2

Wie Sie sich erinnern, sind in dieser Datei schon ziemlich viele Informationen. Kein Wunder also, daß der Chef die grafische Darstellung vorzieht. Lassen Sie uns jetzt beginnen, Grafiken zu erzeugen, ehe der Tag X des „Chef-Einbruchs" kommt... – denn Sie sollen präpariert sein.

5.2.1 Die grafische Umgebung

Kümmern wir uns als erstes um die grafische Umgebung. Was ist darunter überhaupt zu verstehen? Nun, Sie haben ein grafisches „Device", sprich also in erster Linie einen Bildschirm, auf dem Sie die Grafik erstellen wollen. Dann wollen Sie das ganze auch noch auf einen Drucker oder Plotter ausgeben. Das ist Ihr grafisches Umfeld. Nun muß im SAS System dementsprechend eine grafische Umgebung definiert werden. Zu dieser Umgebung gehört aber noch einiges mehr, z.B. ein Standardzeichensatz, den Sie verwenden wollen, Standard Farben etc. All diese Optionen können Sie mit dem GOPTIONS Befehl, dem grafischen Pondon zum OPTIONS Befehl, definieren. Als erstes fragen Sie aber einmal Ihre jetzt gesetzten Optionen ab, sprich deren Standardwerte. Dazu benutzen Sie die Prozedur GOPTIONS, die von der Syntax ganz einfach (Beispiel 5.2.1):

```
PROC GOPTIONS; RUN;
```

lautet. Sie bekommen jetzt im Log Ihre grafischen Optionen angezeigt. In unserer Umgebung (DOS/WINDOWS PC) sieht das so aus:

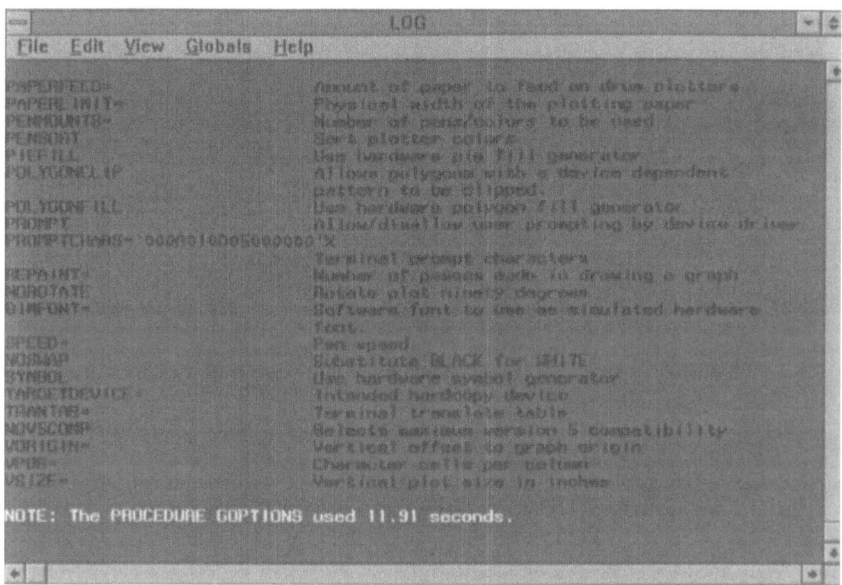

Ausgabe von PROC OPTIONS im LOG.

Das ist natürlich eine ganze Menge, und auch viel zu viel um alle Optionen ausführlich zu beschreiben. Darum tun wir jetzt folgendes: Als erstes definieren wir Ihr grafisches Ausgabegerät. Am Anfang wird dies der Bildschirm sein. Die grafische Option, die das primäre Ausgabegerät angibt, ist die Option DEVICE. Jetzt haben wir wieder ein Problem: Ich habe keine Ahnung, was für ein Device sie haben. Aber auch das kriegen wir hin. Es gibt eine grafische Prozedur, die die grafische Umgebung testet, und diese heißt GTESTIT. Rufen Sie diese Prozedur einfach auf. Entweder Ihr Ausgabegerät wird vom SAS System automatisch erkannt, oder Sie werden nach dem Ausgabegerät gefragt. Der Aufruf lautet (Beispiel 5.2.2):

```
PROC GTESTIT; RUN;
```

Wenn noch kein Ausgabegerät spezifiziert ist, erscheint dieses Fenster:

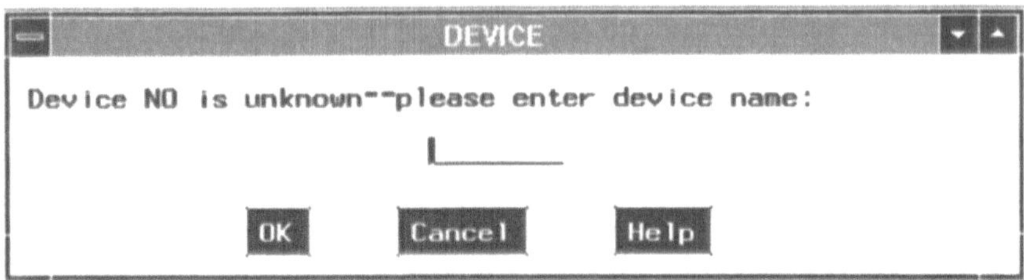

DEVICE Eingabe.

Hier können Sie ein Fragezeichen eingeben, und Sie erhalten eine Liste von Device-Typen:

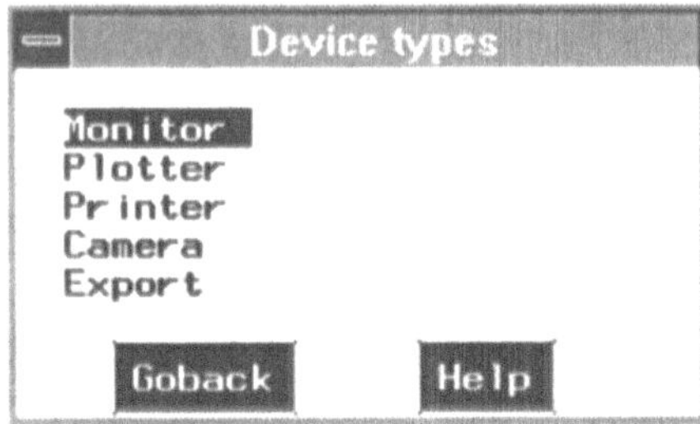

DEVICE-Klassen

Sie wollen natürlich zuerst auf Ihren Bildschirm ausgeben, also klicken Sie MONITOR an. Jetzt erscheint eine Liste mit betriebssystemabhängig variierenden Geräten. Blättern Sie jetzt durch die Liste und wählen Sie das grafische Ausgabegerät, das Sie benutzen. Wenn Sie z.B. unter WINDOWS arbeiten, heißt dieses Device WIN, unter MVS steht z.B. ein IBM3472 oder IBM3179 Terminal zur Verfügung. Wenn Sie das Gerät gewählt haben, und es das richtige ist, dann erscheinen folgende Grafiken:

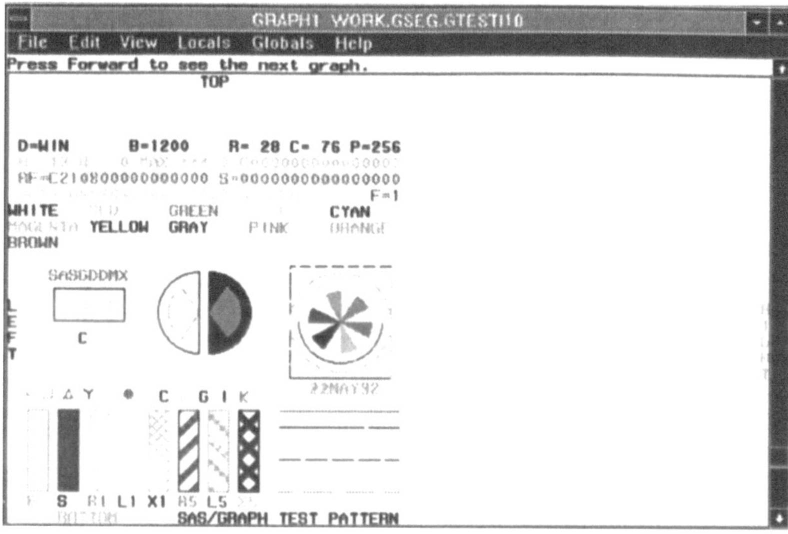

Ausgabe von PROC GTESTI im GRAPH Fenster.

Durch diese drei Grafiken blättern Sie entweder mit den bekannten Tasten, oder Sie wählen das Pull-down Menu FILE, Unterpunkt END aus, was Sie automatisch bis zur dritten Grafik befördert (adäquat: der Befehl END). Sie wissen jetzt den Namen Ihres grafischen Ausgabegerätes, das DEVICE. Merken Sie es sich, wir werden es noch brauchen. Kommen wir jetzt zu einigen grafischen Optionen, die Sie sinnvollerweise verwenden können. Orientieren Sie sich an der folgenden Liste:

Aufgabe	Option	Werte
Hintergrundfarbe setzen	CBACK	Deviceabhängig gültige Farben
Standard Textfarbe	CTEXT	dito
Standardfarbe Überschrift	CTITLE	dito
Ausgabegerät angeben	DEVICE	Devicename laut Liste
Standard Schrifttyp	FTEXT	Fontliste ist in SASHELP.FONTS abfragbar (Catalog-Fenster)
Standard Schrifttyp Überschr.	FTITLE	dito
Standard Textgröße	HTEXT	Größe in Inch, cm oder Proz. vom Bildschirm (z.B. 5 PCT, 3 CM oder 6 INCH)
Standard Überschriftsgröße	HTITLE	dito

So, jetzt haben Sie einen Überblick über Grundoptionen. Alle anderen Optionen werden wir, wie es so schön heißt, bedarfsgerecht abhandeln. Jetzt noch ein Beispiel, wie Sie Ihre Optionen setzen könnten (Beispiel 5.2.3):

```
GOPTIONS CBACK=GRAY CTEXT=BLACK CTITLE=BLACK
    DEVICE=ihr_gerät FTEXT=SWISS FTITLE=ZAPFB
    HTEXT=.5 CM HTITLE=2.5 CM;
```

Sie sehen, das der GOPTIONS Befehl genau wie der OPTIONS Befehl aus dem PROGRAM EDITOR heraus verwendet wird. Generell ist die funktionalität dieser beiden Befehle identisch, nur daß zum einen grafische und zum anderen globale Systemoptionen eingestellt werden.

Apropos Einstellungen: Die gewählten Einstellungen für die grafischen Optionen sind natürlich Geschmackssache, und mit ein wenig Erfahrung werden auch Sie Ihre persönlichen Einstellungen finden. Beachten Sie aber, daß die grafischen Optionen nur für die aktuelle SAS Sitzung gelten (genau wie beim OPTIONS Befehl die generellen SAS System Optionen)!

Da wir uns noch in der aktiven SAS Sitzung befinden, begeben wir uns mit unseren getroffenen Einstellungen an die Entwicklung der Chef-Grafiken.

5.2.2 Balkendiagramme

Als erstes kümmern wir uns um Balkendiagramme. Die grafische Prozedur hierzu heißt PROC GCHART. Zuerst die generelle Syntax:

```
PROC GCHART DATA=SAS Datei ANNOTATE=SAS Datei GOUT=SAS Catalog;
    BLOCK variable / optionen;
    HBAR variable / optionen;
    PIE variable / optionen;
    STAR variable / optionen;
    VBAR variable / optionen;
RUN; QUIT;
```

Das erste, was Ihnen sicherlich auffällt, ist der QUIT Befehl nach dem RUN. Nun, das sollte man sich bei grafischen Prozeduren angewöhnen, weil die grafischen Prozeduren erst mit dem QUIT Befehl vollständig beendet werden. Grund dafür ist die sog. RUN-GROUP Verarbeitung, die in einer späteren Tips&Tricks Sektion noch besprochen wird.

Was Ihnen vielleicht auch auffällt ist, daß mit der Prozedur GCHART nicht nur Balkendiagramme, sondern auch BLOCK, PIE und STAR Charts dargestellt werden können. Dem wenden wir uns später zu. Für uns sind erst einmal das vertikale und horizontale Balkendiagramm wichtig, also VBAR und HBAR.

Um noch ein wenig weiter zu differenzieren, sehen wir uns zunächst die vertikalen Balkendiagramme an. Die reduzierte Syntax für den PROC GCHART wäre dann:

```
PROC GCHART DATA=SAS Datei;
     VBAR variable / optionen;
RUN; QUIT;
```

Also brauchen wir als erstes wieder eine SAS Datei. Die haben wir ja schon: SASUSER.UMSATZ. Jetzt kümmern wir uns um den VBAR Befehl. VBAR heißt (welch Überraschung) vertikales Balkendiagramm. Für dieses vertikale Balkendiagramm (die Balken gehen also von unten nach oben) brauchen wir als erstes eine Variable, die die Balkenausprägung enthält. In unserem Fall haben wir zwei sinnvolle Möglichkeiten: Zum einen die Variable Zeit, d.h. wir hätten ein Diagramm, wo jeder Balken z.B. einen Monat darstellt, oder die Variable PRODUKT, dann hätten wir ein Diagramm mit exakt zwei Balken (denn wir haben nur zwei Produkte in unserer Datei). Da das für das erste Beispiel nicht allzu sinnvoll ist, bleiben wir bei dem DATUM. Dies ist jetzt unsere sogenannte CHART-Variable. Was wir jetzt probieren können, ist folgendes Programm (Beispiel 5.2.4):

```
PROC GCHART DATA=SASUSER.UMSATZ;
     VBAR DATUM;
RUN; QUIT:
```

Das Ergebnis ist diese Grafik:

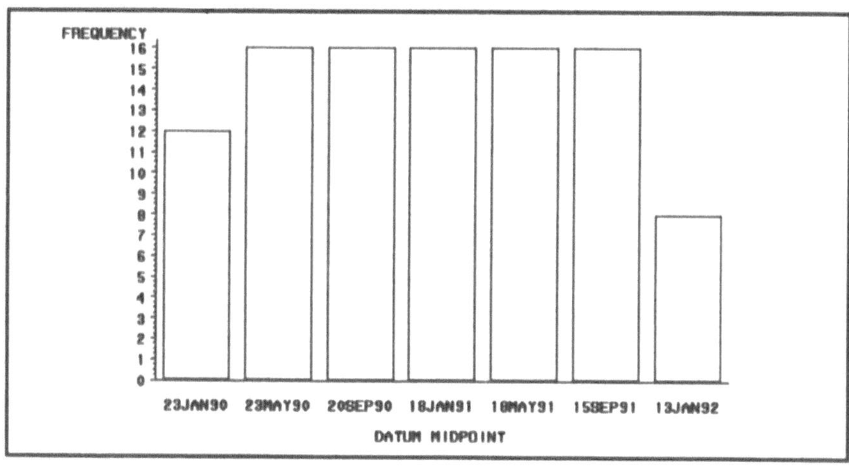

Ausgabe von PROC GCHART.

Das ist ja sehr aussagekräftig: Wir haben ein paar Monate recht häufig in unserer Datei. Dies ist die Standard-Statistik, die im Balkendiagramm verwendet wird: Eine Häufigkeitsauszählung, wie oft die CHART-Variable in der Datei vorhanden ist. Das ist aber nicht unser Ziel. Wir wollen die Umsatzzahlen darstellen, und zwar erst einmal als Summe über alle Produkte. Dazu müssen wir jetzt dem VBAR Befehl Optionen angeben. Die erste Option ist, welche Analyse-Variable soll verwendet werden. Diese Option heißt etwas verwirrend SUMVAR=, obwohl nicht zwangsweise summiert wird, und wird nach einem Schrägstrich hinter der CHART-Variablen im VBAR Befehl angegeben, also in unserem Beispiel wie folgt:

```
VBAR DATUM / SUMVAR=UMSATZ ...;
```

Jetzt weiß die Prozedur, welcher Variablenwert analysiert werden soll. Wir haben der Prozedur allerdings noch nicht gesagt, welche Statistik berechnet werden soll. Wir schlagen mal die Summenbildung vor, da erst einmal die Aussage getroffen werden soll, wieviel Umsatz insgesamt über alle Produkte generiert worden ist. Dazu gibt es die TYPE= Option, die mit einem Leerzeichen getrennt hinter dem Schrägstrich mit aufgeführt wird. Die TYPE= Option kann folgende Statistiken beinhalten:

Statistik	Aussage
CFREQ	kumulierte Häufigkeit
CPERCENT	kumulierter Prozentanteil
FREQ	Häufigkeit
MEAN	Mittelwert
PERCENT	Prozentanteil
SUM	Summe

Jetzt heißt unsere Ausprägung SUM, also komplett TYPE=SUM, und zusammengefasst im VBAR Befehl sieht das so aus:

```
VBAR DATUM / SUMVAR=UMSATZ TYPE=SUM;
```

Das probieren wir als komplettes Programm aus (Beispiel 5.2.5):

```
PROC GCHART DATA=SASUSER.UMSATZ;
    VBAR DATUM / SUMVAR=UMSATZ TYPE=SUM;
RUN; QUIT;
```

Folgende Grafik wird uns als Ergebnis geliefert:

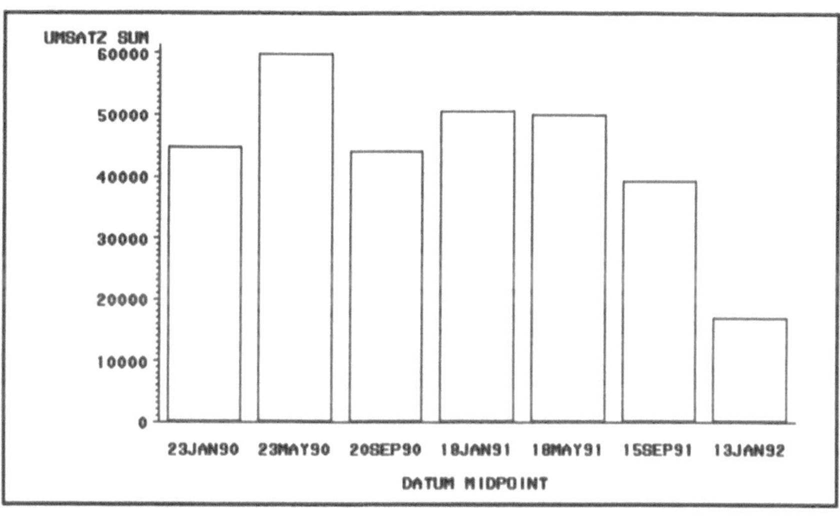

Ausgabe von Beispiel 5.2.5

Ja, das kommt dem Ergebnis, das sich unser Chef vorstellt, doch schon wesentlich näher. Jetzt fehlen vielleicht noch Referenzlinien hinter den Balken, und wir wollen nicht auf Monatsebene sondern auf Quartalsebene unsere Werte darstellen. Für die Referenzlinien brauchen wir zwei weitere Optionen zum VBAR Befehl namens AUTOREF (automatisch berechnete Referenzlinien) und CLIPREF (Referenzlinien hinter den Balken). Um die Grafik auf Quartalsebene umzustellen, müssen wir die Variable MONAT temporär von Monat auf Quartal umformatieren. Und mit Formaten haben Sie ja schon gearbeitet, den FORMAT Befehl kennen Sie also schon. Wenn Sie diesen und die angegebenen Optionen in unsere bisherige Prozedur einbauen, haben wir ein neues Programm (Beispiel 5.2.6):

```
PROC GCHART DATA=SASUSER.UMSATZ;
    FORMAT DATUM QTR4.;
    VBAR DATUM / SUMVAR=UMSATZ
            TYPE=SUM
            AUTOREF
            CLIPREF;
RUN; QUIT;
```

Unser Programm wächst und produziert jetzt diese Ausgabe:

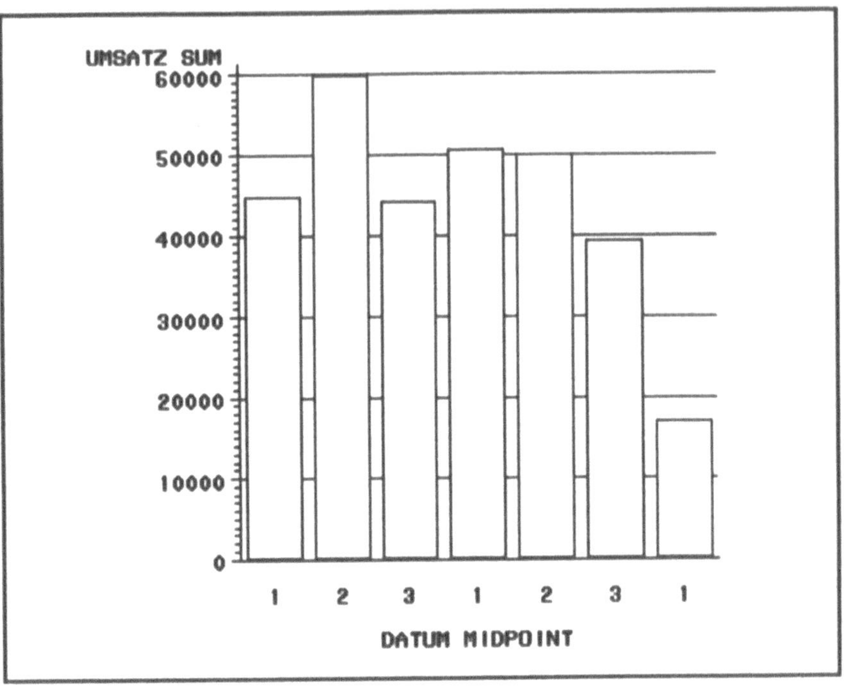

Ausgabe von Beispiel 5.2.6.

Was fehlt jetzt noch in diesem nahezu perfekten Bild? Zum einen ein Rahmen um den Bereich mit den Balken und zum anderen eine Überschrift und/oder eine Fußnote. Daß mit dem Rahmen erledigen wir schnell durch eine Option zum VBAR Befehl namens FRAME. Wo diese Option eingesetzt wird, wissen Sie dadurch, daß es eine Option ist, nämlich hinter dem Schrägstrich. Daß mit der Überschrift und der Fußnote läuft etwas anders, da diese Werte auch außerhalb von SAS Prozeduren global festgelegt werden können. Dies erfordert allerdings eine nähere Betrachtung und somit einen.

EXKURS: Globale grafische Befehle

Was ist denn das schon wieder? Globale grafische Befehle? Antwort: Eine feine Sache! Einige Dinge in Grafiken können, ähnlich wie bereits aus der grafischen Umgebung heraus, global, also außerhalb der grafischen Prozeduren, definiert werden. Der Vorteil daran ist, daß zum einen der Speicherbedarf der Prozeduren geringer wird, und zum anderen, das ist wohl für Sie interessanter, diese Befehl von allen grafischen Prozeduren genutzt werden. Sehr abstrakt, schon klar. Also ein Beispiel: Die Fußnote.

EXKURS

Sie wollen in allen Ihren Grafiken die Fußnote „Produziert von Karl Meier am 13.03.1993" haben. Nun, es wäre bei 20 Grafiken sicherlich viel Arbeit, diese Definition in alle Grafiken hineinzuschreiben. Darum können Sie außerhalb der grafischen Prozeduren den Befehl FOOTNOTE verwenden und Ihre Fußnote/n definieren. Dies ist nur ein Beispiel von vielen. Folgende generelle grafische Befehle sind verfügbar:

Befehl	Bedeutung
AXIS	für Achsendefinitionen in Ihren Diagrammen, also z.B. einheitliche Skalierung
PATTERN	zur Definition der Farben und Muster bei Balkendiagrammen
SYMBOL	zur Definition der Linien- und Symbolarten bei Kurven- und Liniendiagrammen
LEGEND	um eine einheitliche Form der Legende zu definieren
TITLE	die Überschriften (bis zu 10)
FOOTNOTE	die Fußnoten (auch bis zu 10)

Nun, wir könnten jetzt alle Definitionsmöglichkeiten bis ins letzte Detail durchspielen, aber das würde mal wieder den gesteckten Rahmen sprengen, also beschränken wir uns auf die wichtigsten. Es gibt also einige globale grafische Befehle. Wir werden im folgenden jeweils ein Beispiel zu dem jeweiligen Befehl geben und auf dessen Funktion hinweisen, so daß Sie zwei Möglichkeiten haben: Sie nehmen das Buch „SAS Survival beim Erstellen von Grafiken" (sobald verfügbar) zur Hand und vertiefen diesen Stoff, oder Sie nehmen die SAS Handbücher und versuchen auf diese Weise Ihr Glück. Mit den Grundlagen, die wir Ihnen hier vermitteln, ist es allerdings für Sie trotzdem möglich, ansprechende Grafiken zu erzeugen. Wenden wir uns jetzt den einzelnen Befehlen zu und beginnen mit dem AXIS Befehl.

AXIS...
...definiert Aussehen, Beschriftung und Skalierung von Achsen in Diagrammen. Sie können bis zu 99 Achsendefinitionen vorhalten. Die generelle Syntax ist in vier Bereiche unterteilbar:

```
AXISn skalierung
      markierungen
      aussehen
      text ;
```

EXKURS

- SKALIERUNG ist die Einteilung der Achse, z.B. mit Datumswerten
  oder speziellen Wertebereichen (1000-100000 in 1000er-Schritten).
- MARKIERUNGEN sind die einzelnen Skalierungsstriche, d.h. bei wel-
  chem Wert kommt eine „Hauptmarke" (MAJOR TICK MARK), welche Werte sind demzufolge „Untermarken" (MINOR TICK MARKS),
  und wie dick sind diese Markierungen.
- AUSSEHEN umschreibt Schriftart, Farbe etc. der Achse.
- TEXT definiert die Achsenbeschriftung, deren Ausrichtung etc.

PATTERN...

...bestimmt das Aussehen von Flächen innerhalb Ihrer Grafik, also bei
Balkendiagrammen das Aussehen der Balken, bei Kreisdiagrammen
das Aussehen der Kreissegmente und bei Flächendiagrammen (über-
lappende Liniendiagramme mit ausgefüllten Flächen) das Aussehen
der Flächen, sprich also jeweils deren Farbe oder Schraffur. Sie können
bis zu 99 verschiedene Pattern definieren. Die generelle Syntax sieht
wie folgt aus:

```
PATTERNn    COLOR=Farbe
            REPEAT=Anzahl
            VALUE=Füllart ;
```

- COLOR ist die Farbe der Fläche.
- REPEAT beschreibt, wie oft diese Flächendefinition im Diagramm
  wiederholt werden soll (z.B. sollen die ersten zehn Balken rot sein,
  dann geben Sie PATTERN1 C=RED R=10; an).
- VALUE ist die Füllart, also z.B. SOLID für gefüllt, EMPTY für leer bei
  Balkendiagrammen oder Xnnnn, Lnnnn oder Rnnnn für gekreutzte,
  links- oder rechts-Schraffierungen, wobei nnnn die Dichte der Stri-
  che und deren Dicke angibt.

SYMBOL...
...Befehle werden von den Prozeduren GCONTOUR und GPLOT heran-
gezogen. Es können bis zu 99 Symbole definiert werden, die die Linien-
art und die Art der Datenpunkte auf diesen Linien spezifizieren. Folgende generelle Syntax liegt dem SYMBOL Befehl zu Grunde:

```
SYMBOLn     COLOR=Farbe
            REPEAT=Anzahl
            [ aussehen ]
            [ interpolation ];
```

EXKURS

- COLOR und REPEAT sind wieder wie beim PATTERN Befehl zu verstehen.
- AUSSEHEN umschreibt einen Satz von Optionen, die die Symbolfarbe, -größe, die Schriftart, die Symbolart etc. umschreibt.
- INTERPOLATION ist die Linieninterpolation. Hier wird beschrieben, ob z.B. eine gerade Linie die Punkte verbinden soll, oder als weiteres Beispiel eine Regressionslinie mit einem bestimmten Vertrauensintervall berechnet und eingezeichnet werden soll.

LEGEND...

...beschreibt Art und Aussehen der Legende innerhalb der Grafik. Es können wiederum bis zu 99 Legenden-Definitionen abgelegt werden. Beachten Sie bitte, daß nicht alle grafischen Prozeduren die automatische Legende unterstützen, und daß besonders dieser Befehl von der Version 5 bis zur SAS Version 6 vielen Änderungen unterlag. Die generelle Syntax:

```
LEGENDn    [ aussehen ]
           [ position ]
           [ text-optionen ];
```

- AUSSEHEN umschreibt z.B. die Farbe der Legendenumrandung, deren Schatten, die Schattenposition etc.
- POSITION beschreibt die Position der Legende innerhalb der Grafik.
- TEXT-OPTIONEN sind Optionen zum Legendentext, wie die Legendenüberschrift, die Farbe, die Größe und die Schriftart des Textes innerhalb der Legende.

TITLE...

...bestimmt Inhalt und Aussehen der Überschrift. Bis zu zehn Überschriften können bestimmt werden, und diese
tauchen in der Numerierungsreihenfolge von oben nach unten gesehen in der Grafik auf. Die Syntax:

```
TITLEn     „ text-1 „    [ text-optionen ]
           „ text-n „    [ text-optionen ]
           ...;
```

- TEXT kann jeder beliebige Text, eingeschlossen in einfache oder doppelte Hochkommata sein.
- TEXT-OPTIONEN sind Optionen zur Farbe, Ausrichtung, Größe, Schriftart etc. des auszugebenden Textes.

EXKURS

FOOTNOTE...

...bestimmt sinnigerweise die Fußnoten. Auch derer können Sie zehn Stück vergeben, und die Syntax ist identisch mit dem TITLE Befehl:

```
FOOTNOTEn „ text-1 „    [ text-optionen ]
          „ text-n „    [ text-optionen ]
          ...;
```

Die Beschreibung entnehmen Sie bitte dem TITLE Befehl, da ich mich so ungern wiederhole.

Ja, und das wäre es auch schon zu den globalen grafischen Befehlen. Nähere Infos zur Syntax bekommen Sie aus den Grafik-Guides von SAS Institute GmbH.

ENDE EXKURS – ENDE EXKURS – ENDE EXKURS

Nun sind Sie informiert und können mal wieder die jetzt angebrachte Lesepause zum Üben verwenden. Passen Sie Ihre Grafik an, und produzieren Sie etwas hübsches buntes.

5.2.3 Kreisdiagramme

Oh ja, Torten, Kuchen, ... – kein Mensch weiß, wie man diesen Grafiktyp am besten nennt. Ich habe mich zu Kreisdiagramm durchgerungen, alles andere würde Artur nur auf dumme Gedanken bringen, oder.... ???

Sehen Sie, so kann's kommen. Damit Ihr Chef nicht vor Wut Ihre Grafik anknabbert, sondern Sie nur zum Anbeißen schön findet, wenden wir uns dem Kreisdiagramm zu. Die verantwortliche Prozedur ist die Prozedur GCHART. Die hatten wir ja gerade schon, nur daß der Befehl in der Prozedur nicht mehr VBAR oder HBAR, sondern jetzt PIE heißt. Inzwischen schon Routine: Die generelle Syntax des PIE Befehls in der Prozedur GCHART:

PIE variable / optionen ;

Eine gewisse Ähnlichkeit zum VBAR Befehl wird Ihnen sicherlich nicht verborgen geblieben sein. Tatsächlich sind einige Optionen sehr ähnlich. Doch der Reihe nach, zuerst die Variable. Die anzugebende Variable bestimmt wie beim VBAR oder HBAR Befehl die Ausprägungen, hier jedoch die der Kreisabschnitte und nicht die der Balken. Nehmen wir doch das gleiche Beispiel wie für das vertikale Balkendiagramm: Ein ganz simpler PIE (Beispiel 5.2.7):

```
PROC GCHART DATA=SASUSER.UMSATZ;
    PIE DATUM;
RUN; QUIT:
```

Dabei kommt folgende Grafik zu Stande:

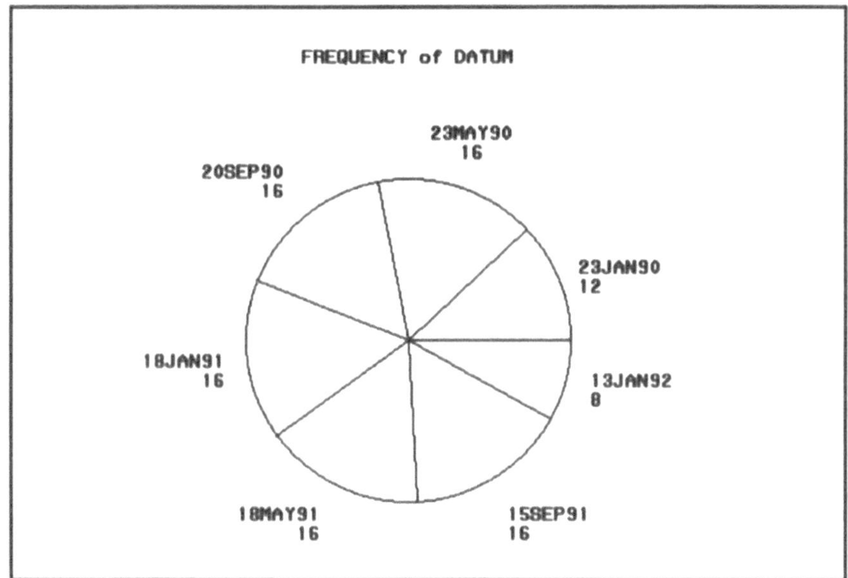

Ausgabe von Beispiel 5.2.7.

Genau wie das Balkendiagramm: Wahnsinnig aussagekräftig. Um jetzt andere Werte in den Kreisabschnitten darzustellen als sie Häufigkeit der PIE Variablen DATUM stehen uns auch hier wieder die Optionen TYPE= und SUMVAR= zur Verfügung, also können wir wieder etwas aufpeppen, indem wir als SUMVAR die Variable WERT bestimmen und als TYPE die Statistik SUM. Auch zum Kreisdiagramm gibt es wieder jede Menge Optionen, um das Design zu verbessern. Das schenken wir uns allerdings und gehen direkt zu einer fertigen, halbwegs ansehnlichen Grafik über, indem wir die uns bekannten globalen grafischen Optionen verwenden (Beispiel 5.2.8):

```
TITLE1 'UMSATZ ALLER PRODUKTE PRO MONAT IM JAHR
1991' F=ZAPFB;
PATTERN1  C=YELLOW   V=SOLID;
PATTERN2  C=RED      V=SOLID;
PATTERN3  C=GREEN    V=SOLID;
PATTERN4  C=BLUE     V=SOLID;
PATTERN5  C=CYAN     V=SOLID;
PATTERN6  C=PINK     V=SOLID;
PATTERN7  C=GRAY     V=SOLID;
PATTERN8  C=WHITE    V=SOLID;
PATTERN9  C=MAGENTA  V=SOLID;
PATTERN10 C=ORANGE   V=SOLID;
PATTERN11 C=GREEN    V=SOLID;
PATTERN12 C=CYAN     V=SOLID;

PROC GCHART DATA=SASUSER.UMSATZ;
    PIE DATUM /  SUMVAR=UMSATZ
                 TYPE=SUM
                 DISCRETE
                 CLOCKWISE;
    FORMAT DATUM MONNAME3.;
    WHERE YEAR(DATUM) = 1991;
RUN; QUIT;
```

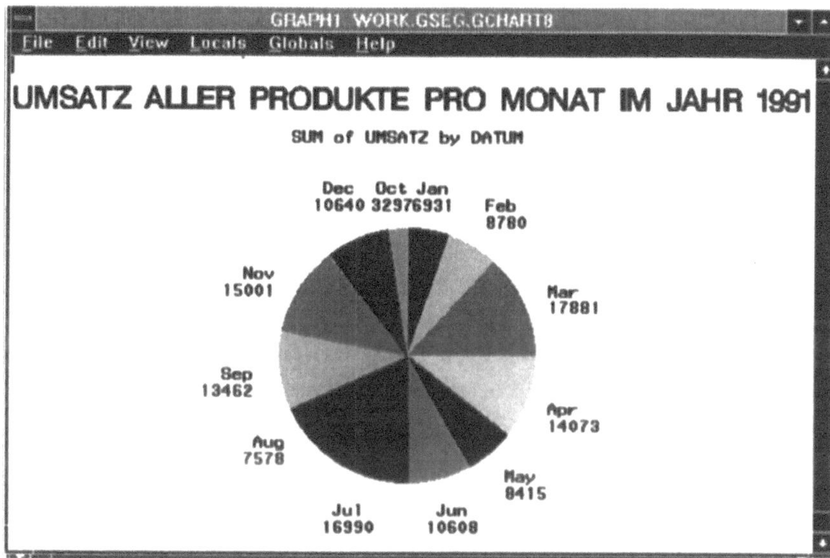

Ausgabe von Beispiel 5.2.8.

Ich bin sicher, daß Sie 99% des Programmes verstehen. Nur drei Dinge sollen erkärt werden:
- die Option CLOCKWISE bewirkt, daß die Kreissegmente im Uhrzeigersinn ausgerichtet werden, beginnend bei 12 Uhr. Lassen Sie die Option mal weg und sehen Sie sich die Ausgabe noch einmal an.
- das Format MONNAME gibt den Monat auf Englisch in Textform aus (SAS Institute stellt auch deutsche Formate zur Verfügung).
- die WHERE Bedingung schränkt den Datensatz auf das Jahr 1991 ein. Hierbei wird die YEAR Funktion verwendet, die aus einem SAS Datums-Wert das Jahr extrahiert.

Soweit zu den Kreisdiagrammen. Als Einstieg genug, doch auch hier macht wiederum die Übung den Meister.

5.2.4 Liniendiagramme

Wir machen rasende Fortschritte. Gerade noch bei den Kreisen, jetzt schon die Linien. Gut, Liniendiagramme – wir sammeln uns etwas. Kurven sind eine wichtige grafische Ausdrucksform, um z.B. den Verlauf einer Wertereihe darzustellen. Besonders zum Vergleich mehrerer Wertereihen ist diese Liniendarstellung geeignet. Im SAS System ist die Prozedur GPLOT für die Liniendiagramme zuständig. Die Syntax „en generale":

PROC GPLOT DATA=SAS Datei ANNOTATE=SAS Datei GOUT=SAS Catalog;
    PLOT vertikal*horizontal [=dritte variable] / optionen;
    PLOT2 vertikal*horizontal [=dritte variable] / optionen;
    BUBBLE vertikal*horizontal=kreis / optionen;
    BUBBE2 vertikal*horizontal=kreis / optionen;
RUN; QUIT;

Uns interessiert hier speziell der PLOT Befehl, alles andere würde mal wieder zu weit führen. Es sei nur erwähnt, daß auch sog. „BUBBLE-CHARTS" erstellt werden können, die von der Form eine starke Näherung an z.B. Portfolio-Analysen bieten. Nun zum PLOT Befehl. Als minimale Angabe muß eine Variable für die vertikale, eine für die horizontale Ausprägung angegeben werden. Erstellen wir z.B. mal eine Grafik, die uns eine Kurve der Umsätze des Jahres 1991 für das Produkt „Dekkel" gibt. Dazu brauchen wir zusätzlich zur Prozedur GPLOT eine WHERE Bedingung und ein Format. Das Programm sieht wie folgt aus (Beispiel 5.2.9):

```
TITLE1 'Umsatz 1991 Deckel' F=ZAPFB;

PROC GPLOT DATA=SASUSER.UMSATZ;
    PLOT UMSATZ * DATUM; ;
    FORMAT DATUM MONYY5.;
    WHERE YEAR(DATUM)=1991 AND PRODUKT='Deckel';
RUN;
```

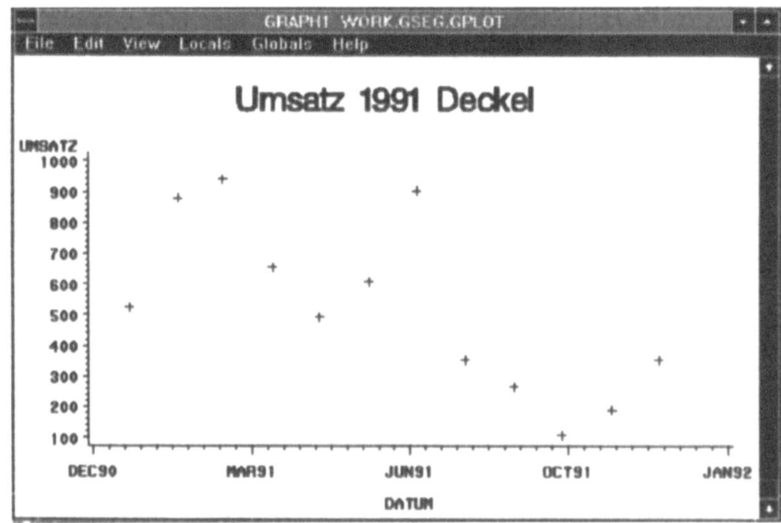

Ausgabe zu Beispiel 5.2.9.

Ah ja, und wo ist die Linie? Wir haben nur einzelne Punkte markiert. Um dies zu ändern, benutzen wir den SYMBOL Befehl und geben jetzt eine Interpolation für die eine Linie an, die wir haben. Wir fügen also folgende Zeile in unser Programm ein:

```
SYMBOL1 I=JOIN;
```

...was soviel heißt wie: Bei der ersten Linie verbinde die Werte-Punkte durch eine Gerade.

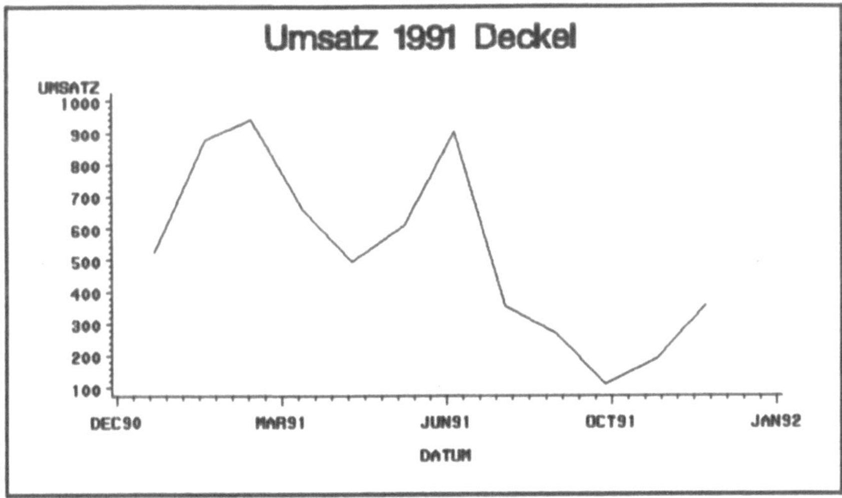

Ausgabe des variablen Beispiels.

Probieren Sie auch mal andere Interpolationen, z.B. SPLINE.

Jetzt werden wir etwas komplizierteres wagen: Viele Linien. Dazu dient die dritte anzugebende Variable, nämlich als Klassifizierungs-variable. Wir wollen z.B. pro Produkt eine Linie darstellen, um die Umsätze produktspezifisch vergleichen zu können. Folgendes Programm ist hierzu nötig (Beispiel 5.2.10):

```
TITLE1 'Umsatz 1991 pro Produkt' F=ZAPFB;
SYMBOL1 I=JOIN C=RED;
SYMBOL2 I=JOIN C=GREEN;
SYMBOL3 I=JOIN C=PINK;
SYMBOL4 I=JOIN C=CYAN;
PROC GPLOT DATA=SASUSER.UMSATZ;
    PLOT UMSATZ * DATUM = PRODUKT ;
    FORMAT DATUM MONYY5.;
    WHERE YEAR(DATUM) = 1991;
RUN; QUIT;
```

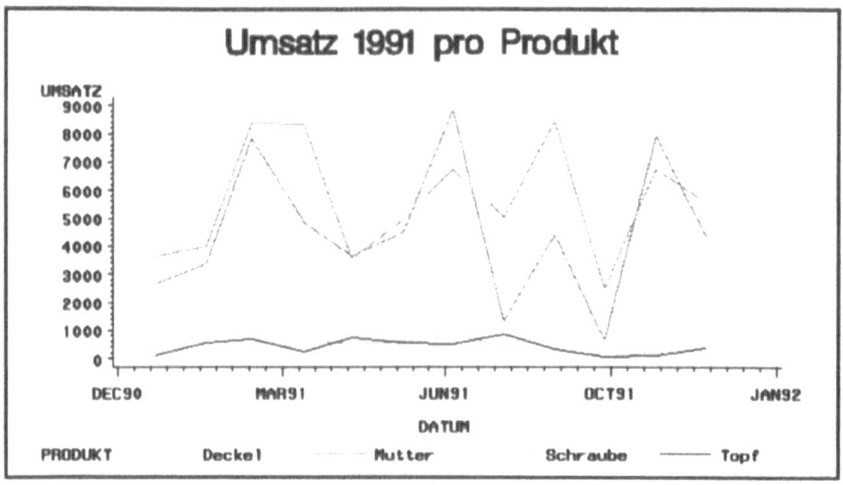

Ausgabe von Beispiel 5.2.10.

Schön, gell? Jetzt noch ein paar kleine Design-Tricks, die sich hinter den Optionen verbergen. Zum einen wäre eine Skalierung von Januar bis Dezember doch was schönes. Zum anderen machen Referenzlinien das ganze immer etwas übersichtlicher, und ein Rahmen um die Grafik schadet auch nicht. Dazu dienen folgende Optionen:

- HAXIS für die Skalierung der horizontalen, also hier der Zeitachse. Hier geben wir einfach einen Wertebereich und ein Intervall an.
- AUTOHREF und AUTOVREF für automatische Referenzlinien an den „Major Tick Marks" (siehe AXIS Befehl)
- FRAME für den Rahmen um die Grafik

Zusätzlich benutzen wir wieder das MONNAME Format für die Monatsnamen. Das fertige Programm sieht so aus (Beispiel 5.2.11):

```
TITLE1 'Umsatz 1991 pro Produkt' F=ZAPFB;
SYMBOL1 I=JOIN C=RED;
SYMBOL2 I=JOIN C=GREEN;
PROC GPLOT DATA=SASUSER.UMSATZ;
    PLOT UMSATZ * DATUM = PRODUKT /
        HAXIS='01JAN91'D TO '31DEC91'D BY MONTH
        AUTOHREF
        AUTOVREF
        FRAME;
    FORMAT DATUM MONNAME3.;
    WHERE YEAR(DATUM) = 1991;
RUN; QUIT;
```

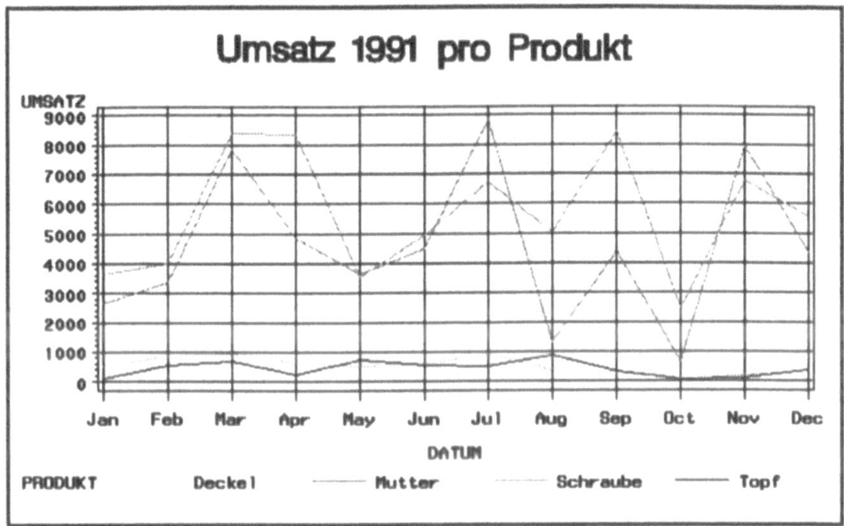

Ausgabe von Beispiel 5.2.11.

Das wär's. Eine fast perfekte Business Grafik für Ihren Chef. Weitere Sonderwünsche? Dazu gibt es weitere Optionen. Fast alles ist möglich. Über die weiteren Optionen gibt es Informationen an den bereits genannten Stellen.

Und nun – es mag ja keiner mehr lesen – ÜBEN !

5.2.5 3-D Grafiken

Oh ja, ein heikles Thema. Drei-dimensionale Grafiken. Schwierige Sache, aber wenn man einen vernünftigen Datensatz hat... Da dies in unserem Fall nicht so ist, müssen wir uns einen erstellen. Interessant sind bei 3-D Grafiken immer die Sinus-Funktionen in einer Fläche abzubilden. Erstellen wir uns also unseren Testdatenbestand mit einem kleinen DATA Step, in dem wir die Funktion SIN (Sinus) und SQRT (Square-Root=Quadratwurzel) verwenden, um Daten für einen drei-dimensional darstellbaren Wertebereich zu erzeugen (Beispiel 5.2.12);

```
DATA SASUSER.DREI;
    DO X=-5 to 5 by .5;
        DO Y=-5 to 5 by .5;
            Z = SIN ( SQRT ( X**2 + Y**2));
            OUTPUT;
        END;
    END;
RUN;
```

Ach ja, ich vergaß: Der Ausdruck „X**2" bedeutet „X hoch 2". Nun haben wir unsere Testdatei mit drei Variablen: X, Y und Z. Wenden wir uns der Prozedur zu, die uns daraus eine dreidimensionale Grafik erstellt. Diese Prozedur heißt G3D. Die generelle Syntax:

```
PROC  G3D  DATA=SAS  Datei  ANNOTATE=SAS  Datei  GOUT=SAS
Catalog;
        PLOT   x * y = z / optionen;
        SCATTER x * y = z / optionen;
RUN; QUIT;
```

Jetzt könnten wir fast ein Ratespiel starten, welche Variable wir für was verwenden, aber ich glaube, das ist für Sie zu einfach. Klar, die X- und die Y-Variablen sind die Variablen der horizontalen Ebene, die Z-Variable ist die dritte Dimension (in die Höhe). Machen wir einen einfachen Test mit unseren Testdaten. Dazu führen Sie bitte folgendes Programm aus (Beispiel 5.2.13):

```
PROC G3D DATA=SASUSER.DREI;
     PLOT X * Y = Z;
RUN; QUIT;
```

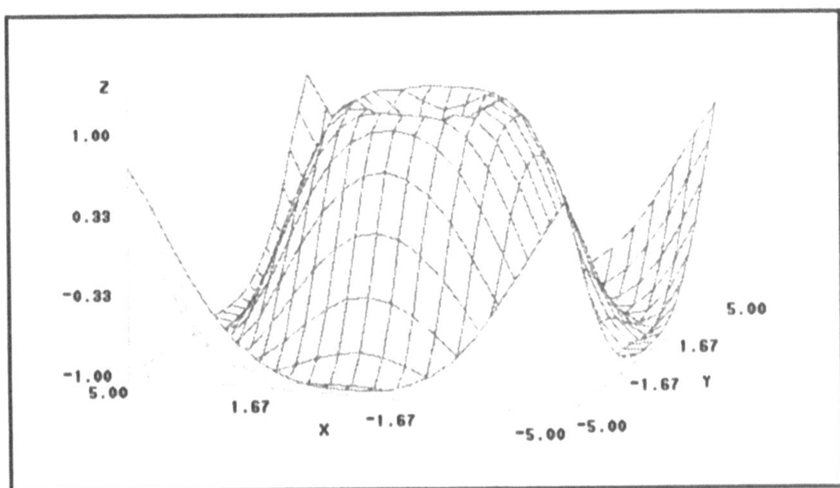

5.2.14: Das Ergebnis: Ein (zugegeben alter) Hut.

Das Prinzip ist klar: Aus Ihren X-, Y- und Z-Werten wird eine Fläche berechnet und dargestellt (in unserem Fall halt eine drei-dimensionale

Sinuskurve). Das wesentliche ist also klar. Jetzt zu ein paar kleinen Feinheiten: Die Optionen. Zum Design Ihres „Hutes" führen wir fünf Optionen der Prozedur G3D an, mit denen Sie ein wenig üben können:

- ROTATE=Wert zum Drehen um die Z-Achse der Grafik. Hier können Sie positive und negative Werte in Grad angeben (-360 bis 360).
- TILT=Wert zum Drehen der Grafik um die Y-Achse der Grafik. Werte sind von 0 bis 90 Grad anzugeben.
- SIDE um auch Seitenbegrenzungen in der Grafik darzustellen.
- CBOTTOM=Farbe, um die Farbe der Unterseite der Fläche zu bestimmen.
- CTOP=Farbe, um die Farbe der Oberseite der Fläche zu bestimmen.

Auch hier gibt es natürlich weitere Optionen, die Sie dem SAS/Graph Software Reference-Guide, Vol. 2, entnehmen können. Ein Beispiel für eine etwas ausgeschmückte Grafik (Beispiel 5.2.14):

```
TITLE1 „Der alte Hut" F=ZAPFB;
PROC G3D DATA=SASUSER.DREI;
    PLOT X * Y = Z /   SIDE
                 ROTATE=20
                 TILT=45
                 CBOTTOM=GREEN
                 CTOP=RED;
RUN; QUIT;
```

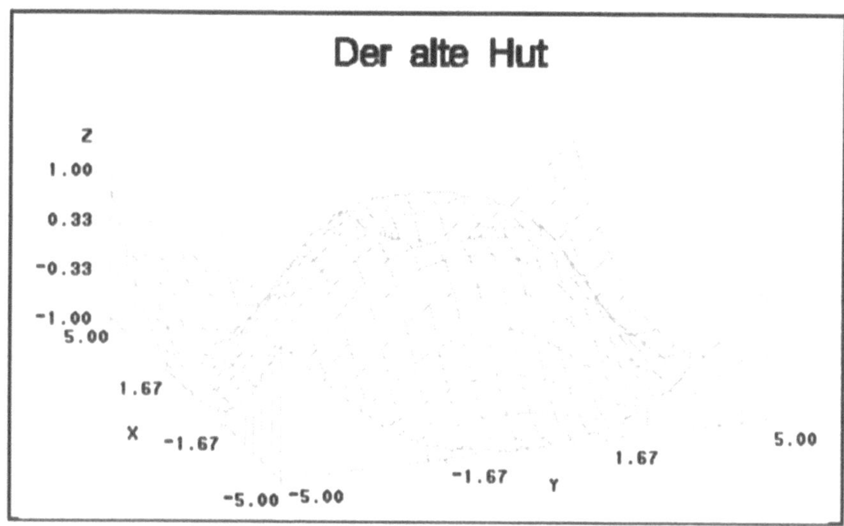

Ausgabe von Beispiel 5.2.14.

Schon ganz schön, gell? Das ist allerdings noch nicht alles. Neben dem
PLOT Befehl gibt es, wie Sie bereits in der generellen Syntax-
beschreibung gesehen haben, noch einen weiteren Befehl, nämlich
SCATTER. SCATTER erstellt keine Fläche aus Ihren Daten, sondern stellt
alle Datenpunkte in Form von kleinen Säulen in dem dreidimensionalen
Gebilde dar. Ein Beispiel (5.2.15):

```
PROC G3D DATA=SASUSER.DREI;
    SCATTER X * Y = Z;
RUN; QUIT;
```

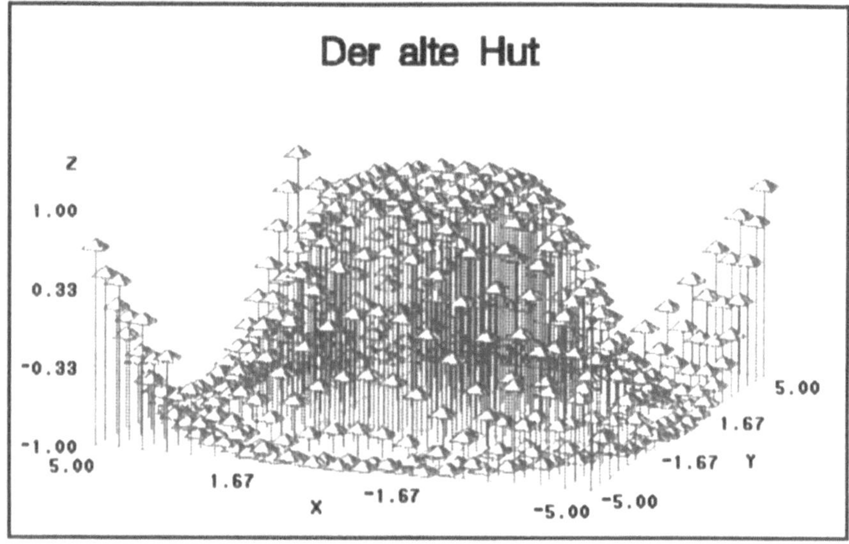

Ausgabe von Beispiel 5.2.15.

Wie Sie gemerkt haben, war die Berechnungszeit länger als bei dem
PLOT Befehl. Kein Wunder, hier werden alle Punkte einzeln dargestellt,
während PLOT eine Fläche berechnet. Auch hier können Sie natürlich
wieder anpassen, und auch hier stellen wir Ihnen wieder einige Optionen vor:

- ROTATE=Wert und TILT=Wert wie beim PLOT zum Drehen der Grafik.
- SHAPE="Symbol", um die Spitze der „Säule" zu beeinflussen. Einige mögliche Symbole:
  BALLOON, CLUB, CUBE, FLAG, HEART, PYRAMID, wobei als Standard die Pyramide gilt.
- NONEEDLE stellt die Symbole ohne die „Bodenverbindung", also
  ohne die kleine Säule dar.

Auch hier wieder ein fertiges Beispiel (5.2.16):

```
TITLE1 „Der alte Hut" F=ZAPFB;
PROC G3D DATA=SASUSER.DREI;
    SCATTER X * Y = Z /     SHAPE = „BALLOON"
                    NONEELDE
                    TILT=45
                    ROTATE=20;
RUN; QUIT;
```

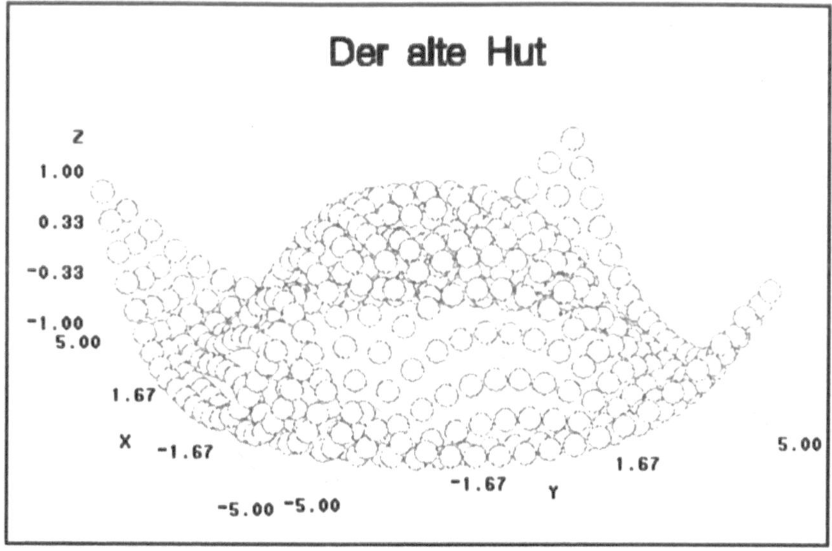

Ausgabe von Beispiel 5.2.16.

So, das wär's. Jetzt wieder die alte Leier: Üben, üben, üben !

Ja, ich weiß, Artur: Es ist hart. Aber da müssen wir alle durch. Außerdem: Es macht ja Spaß! Gut, mehr zur Grafik zu vermitteln wäre, wie schon mehrmals wiederholt, völlig „Overdosed". Dafür wird es eine weitere Ausgabe in der SAS Survival-Reihe geben, die Sie in alle Geheimnisse einweiht. Bis dahin müssen Sie sich mit den SAS Handbüchern auseinandersetzen, die sehr gut sind, wenn man bereits eine Grundlage hat. Ein wenig werden wir Ihnen jedoch trotzdem noch mitgeben: In der Tips&Tricks Sektion.

5.2.6 Tips & Tricks

Soviel wir Ihnen jetzt schon wieder zugemutet haben, war der Stoff dieser Sektion doch äußerst komprimiert. An dieser Stelle wollen wir Ihnen erst einmal den Tip geben, sehr sehr viel zu üben. Nehmen Sie sich ruhig einmal die SAS Grafik-Handbücher zu Hand und probieren Sie ein paar Optionen hier, ein paar dort aus. Um Sie nicht zu sehr zu strapazieren, geben wir Ihnen hier zwei sehr kompakte Tips.

Tip Nummer 1 hilft Ihnen gerade, wenn Sie mit Optionen herumhantieren und am üben sind. Um wieder den ursprünglichen Stand herzustellen, brauchen Sie nicht erst das SAS System verlassen. Nein, viel einfacher: Es gibt eine Option, die alle anderen wieder rückgängig macht. Diese Option heißt RESET und kann mit unterschiedlichen Parametern versehen werden. Der zentrale Parameter heißt ALL und führt einen „Reset" auf wirklich alle grafischen Optionen aus. Die Syntax lautet dann GOPTIONS RESET=ALL. Der Parameter GLOBAL setzt alle globalen Grafischen Befehle (wie z.B. PATTERN) zurück, behält allerdings die grafischen Optionen bei. Überdies können Sie auch noch einzelne Optionen angeben, also z.B. GOPTIONS RESET=TITLE. Sollen mehrere spezielle Optionen bzw. grafische Befehle zurückgesetzt werden, müssen diese in Klammern angegeben sein. Leider gibt es für den „Parallel-Befehl" OPTIONS keine derartige Möglichkeit – schade!

Der Tip Nummer 2 ist sehr einfach: Wenn Sie eine Grafik erstellt haben, geben Sie im Grafik-Fenster den Befehl EDIT ein, bzw. wählen Sie aus dem Pull-down Menu LOCALS den Befehl EDIT. Sie bekommen dann Ihre Grafik im editierbaren Modus angezeigt und können nachträglich Änderungen vornehmen. Dies geschieht in ähnlicher Form, wie Sie es von gängigen Grafikprodukten her kennen. Dieser Möglichkeit wird allerdings nicht all zu viel Bedeutung beigemessen, da die Änderungen keinen Einfluß auf SAS Programme zur Erstellung von Grafiken haben, also bei jedem neuen Erstellen der Grafik wieder ausgeführt werden müssen. Die Empfehlung hier: Spielen Sie einfach ein wenig mit dem Editor und erkunden Sie dessen Möglichkeiten.

Mächtig gut sind Sie, denn Sie haben schon wieder ein großes Kapitel hinter sich gebracht. Warum erwähnen wir es eigentlich immer wieder – die Übungen sind gemeint! Es muß einfach sein. Nehmen Sie sich Ihre eigenen Daten und üben Sie, was das Zeug hält. Alles was Sie in der letzten Sektion gelernt haben, in Verbindung mit dem, was Sie bereits vorher gelernt haben.

Nochmal zur Aufzählung des neu hinzugekommenen: Sie wissen nun mehr über die grafische Umgebung im SAS System und den GOPTIONS Befehl. Sie kennen globale grafische Befehle und deren Einsatzgebiet. Sie wissen ausreichend viel von PROC GCHART, GPLOT und G3D, um aus Ihren Daten Balken-, Kreis-, Linien- und 3D-Diagramme zu erstellen.

Das einzige, was noch fehlt, ist die Sicherheit. Und die erreichen Sie nur durch das Wort, das mit „Ü" anfängt und mit „ben" aufhört... – viel Spaß dabei!

6 Allgemeine Tips & Tricks

Sie haben es geschafft! Sie sind ein SAS Einsteiger, der die ersten fünf Kapitel des SAS Survival Handbook überlebt hat. Gratulation, das schafft nicht jeder. Wenn Sie jetzt jedoch glauben, daß das alles war, was das SAS System zu bieten hat, sind Sie falsch gewickelt. In diesem letzten Abschnitt, den allgemeinen Tips&Tricks, verbergen sich noch jede Menge SAS Features. Schön, können Sie jetzt zu sich sagen, weitere SAS Features mögen ja recht interessant sein, aber ich kann schon Daten einlesen, Manipulieren, Analysieren und Aufbereiten, was denn noch? Nun ja, eigentlich nichts mehr, außer...- Arbeitserleichterung! Eines der Stichworte für diesen letzten Teil. Sie können zwar schon viel, aber jetzt zeigen wir Ihnen, wie Sie Ihr Wissen z.B. effizient in Ablaufsteuerungen einbauen, oder wie Sie einfach mehr Komfort für Ihre Arbeit erlangen können. Also los, geben Sie sich einen Ruck und: Auf in die letzten Abschnitte!

6.1 Automatisieren von Abläufen

Stellen Sie sich vor, Sie erstellen einen Bericht aus einem Rohdatenfile, das Sie regelmäßig von einer anderen Abteilung Ihres Unternehmens erhalten. Von den Rohdaten bis zum fertigen Bericht sind immer wiederkehrende Schritte auszuführen, z.B. das Lesen der Daten in eine SAS Datei, das Umformen der Daten, das Summieren der Daten oder das Erstellen des Berichtes.
Solche Programmabläufe sind natürlich nicht jedes mal wieder neu zu erstellen, jedoch gibt es mehrere Möglichkeiten, das Optimierungspotential Ihrer Programme im SAS Systems zu nutzen.

6.1.1 Automatisieren mit Macros – Ersetzen von Programmteilen

Ein sehr gutes Mittel zur Automatisierung von Programmabläufen sind Macros. Die Macro Sprache ist, wenn Sie sich an die Einleitung erinnern, eine der vielen Sprachkomponenten im SAS System. Prinzipiell gibt es zwei Aufgaben, die SAS Macros ausführen: Das Einfügen von Programmteilen und das bedingte Ausführen von Programmteilen. In diesem Abschnitt schauen wir uns erst einmal die erste Variante an: Das Einfügen von Programmteilen. Diese Begriffswahl ist vielleicht etwas irreführend, überlegen wir uns also ein Beispiel. Stellen Sie sich vor, Sie versuchen z.B. im DATA STEP eine SAS Datei umzubauen und brauchen hierfür mehrere Versuche. Zwischendurch wollen Sie immer wieder die Prozedur PRINT ausführen, um die Ergebnisdatei anzuzeigen. Sie müssen dazu jedes mal wieder die Syntax zum Aufruf der Prozedur PRINT eingeben und dieses Programm abschicken. Eine Erleichterung wäre es doch, wenn Sie nur eine Art „Kürzel" statt des gesamten Programmaufrufes abschicken müßten, z.B. %PRINT. Nun, und genau diese Möglichkeit bietet die Macro-Sprache.

Um ein SAS Macro zu definieren benötigen Sie prinzipiell erst einmal zwei SAS Schlüsselworte: %MACRO und %MEND. Die Syntax zur Definition eines Macros lautet wie folgt:

```
%MACRO  macroname ;
        diverse SAS Programmbefehle
%MEND [ macroname ] ;
```

Der Aufruf eines so definierten Macros geschieht dann durch das Abschicken des Befehles:

```
%macroname ;
```

Für unser soeben aus der Luft gegriffenes Beispiel, das gar nicht soooo weit hergeholt ist, würde die Definition des PRINT Macros also so aussehen (Beispiel 6.1.1):

```
%MACRO PRINT;
    PROC PRINT;
    RUN;
%MEND;
```

Wie Sie sehen, ist am Ende des Macros beim %MEND-Befehl hier der Macroname nicht mit angegeben. Diese Angabe ist optional, macht jedoch Sinn, wenn Sie Macro-Definitionen schachteln wollen (aber so weit wollen wir nicht gehen). Tja, jetzt könnten Sie Ihren DATA STEP ausführen, und nach dem RUN; des DATA STEPs (also in der letzten Zeile Ihres Programms) den Befehl %PRINT; absetzten. Das Macro würde dann aufgelöst werden und ablaufen. Ergebnis: Ihre gerade erzeugte Datei wird ausgedruckt. Falls es nicht mehr im Gedächtnis ist: PROC

PRINT ohne die Angabe einer SAS Datei druckt die zuletzt erstellte SAS
Datei aus. Hier noch ein kleines Beispielprogramm (Beispiel 6.1.2):

```
DATA WORK.TEST;
    INFILE 'C:\DATEN.DAT';
    INPUT A B C ;
    D=A*B/C;
    E=SQRT(D*C);
RUN;
%PRINT;
```

In Macros können Sie jedes beliebige gültige SAS Programm oder auch
nur Teile eines SAS Programms ablegen. Wenn Sie z.B. eine Standard-
überschrift und eine Standardfußnote in Ihren PROC PRINT's haben
wollen, diese jedoch nicht permanent eingeben wollen: MACRO's helfen. Beispiel (Beispiel 6.1.3):

```
%MACRO TEXT01;
    TITLE1 'Bericht der Firma Hinze&Co.';
    TITLE2 'Erstellt von Abteilung XYZ-AB';
    FOOTNOTE1 'Streng Vertraulich';
    FOOTNOTE2 'Nur für Mitarbeiter der Geschäfts-
führung !';
%MEND;
```

Dieses Macro können Sie z.B. innerhalb Ihres PROC PRINT oder PROC
TABULATE aufrufen. So zum Beispiel (Beispiel 6.1.4):

```
PROC PRINT DATA=TOP.MANAGE NOOBS LABEL SPLIT='*';
    %TEXT01;
    VAR ABT PERS AUSGABE;
    BY ABT;
    SUMBY ABT;
    SUM AUSGABE;
RUN;
```

Jetzt, da Sie erste Erfahrungen mit Macros haben, eine wichtige Hintergrundinformation. SAS Macros werden nämlich als Standard nur temporär abgespeichert, d.h. beim nächsten SAS Aufruf gibt es dieses
Macro nicht mehr – wenn Sie es nicht abspeichern. Dafür stehen Ihnen
verschiedene Möglichkeiten zur Verfügung. Die einfachste ist die, daß
Sie das Programm, mit dem Sie das Macro definieren, einfach abspeichern und beim nächsten SAS Aufruf wieder ausführen. Etwas um-

ständlich? Nun ja, es geht auch anders. Das fällt allerdings in die Rubrik Tips&Tricks. Lernen Sie jetzt erst einmal mehr über Macros – Sie wissen nämlich erst die Hälfte.

6.1.2 Macrovariablen

Mit Macros kann man noch viel mehr anstellen. Man kann z.B. bedingt (also auf Grund von bestimmten Bedingungen) SAS Programme ausführen. Oder man kann über die Grenzen von DATA STEPs hinaus Werte übergeben. Toll, was? Also weiter. Ein neuer Begriff taucht auf: Macrovariablen.

Macrovariablen sind Speichereinheiten, in denen Werte innerhalb einer SAS Sitzung abgelegt werden können. Stellen Sie sich Macrovariablen, um bei unserer schon eingangs verwendeten Bildsprache, wie Notizzettel im SAS System vor. Auf diese Notizzettel kann überall im SAS System zugegriffen werden.

Charakteristisch für Macrovariablen ist: Sie sind immer alphanumerisch! Die Definition einer Macrovariablen geschieht durch den %LET-Befehl:

%LET variable = wert ;

Der Aufruf, also das Auflösen einer Macrovariablen geschieht durch ein führendes „&"-Zeichen, so z.B. (Beispiel 6.1.5):

```
%LET datei = SASUSER.ADRESSEN;
PROC PRINT DATA= &datei ;
RUN;
```

In diesem Beispiel wird die Macrovariable DATEI erzeugt und in der Prozedur PRINT verwendet. Sehen Sie sich das Beispiel jetzt noch einmal genau an. Es sind bei der Zuweisung des Wertes SASUSER.ADRESSEN in die Macrovariable keine Hochkommata verwendet worden. Dies ist eine absolute Ausnahme im SAS System. Nur bei Macrovariablen gilt: Bei der Zuweisung von alphanumerischen Werten müssen keine Hochkommata verwendet werden. Wenn in diesem Beispiel (6.1.6) die Zuweisung

```
%LET datei = „SASUSER.ADRESSEN" ;
PROC PRINT DATA= &datei;
RUN;
```

gelautet hätte (also mit Hochkommata), wäre die Ausführung der Prozedur PRINT mit einem Fehler abgebrochen. Der Aufruf hätte dann nämlich aufgelöst gelautet:

```
PROC PRINT DATA="SASUSER.ADRESSEN" ;
RUN;
```

und Hochkommata mag die DATA= Option gar nicht. Also: Aufgepaßt!

Auch folgende Tatsache muß gemerkt werden: Macrovariablen werden, wenn sie z.B. innerhalb eines DATA STEPs eingesetzt werden, beim Aufruf desselbigen direkt aufgelöst. Ein Beispiel zur Verdeutlichung: Sie wollen aus Ihrer Datei SASUSER.ADRESSEN den Inhalt der Variablen NAME aus dem ersten Datensatz dieser Datei in eine Macrovariable namens ERSTER schreiben und verwenden folgenden DATA STEP dazu (Beispiel 6.1.7):

```
DATA _NULL_;
    SET SASUSER.ADRESSEN;
    %LET ERSTER = NAME ;
    STOP;
RUN;
```

Dieser DATA STEP führt dazu, daß die Macrovariable ERSTER den Wert NAME beinhaltet. Ungläubiges Staunen? Nein, ganz logisch: Der %LET-Befehl wird ausgeführt wenn das Programm mit dem SUBMIT-Befehl abgeschickt wird, also bevor der DATA STEP startet, und wird dann aus dem DATA STEP entfernt.

Stellen Sie sich einmal genau vor, was passiert, wenn Sie mit SUBMIT ein SAS Programm abschicken, z.B. einen DATA STEP. Direkt nach dem SUBMIT-Befehl wird das Programm erst einmal auf seine syntaktische Richtigkeit geprüft. Erst dann wird der DATA STEP ausgeführt. Wird bereits bei der Prüfung ein Fehler entdeckt, führt das SAS System den fehlerhaften Programmschritt nicht aus. Wenn innerhalb des Programmschrittes ein Macrobefehl, also z.B. eine Macrodefinition, ein %LET-Befehl o.ä. entdeckt wird, wird dieser sofort ausgeführt. Dies führt zu dem bereits festgestellten Problem: Keine Wertzuweisungen von SAS Dateivariablen im DATA STEP mit dem %LET-Befehl.

Wenn Sie den Wert einer SAS Dateivariablen in eine Macrovariable schreiben wollen, muß das mit einer dafür vorgesehenen Funktion geschehen. Diese Funktion heißt SYMPUT. Die Syntax:

CALL SYMPUT(' macrovariable ' , wert);

Für unser Beispiel sieht das wie folgt aus (6.1.8):

```
DATA _NULL_;
    SET SASUSER.ADRESSEN;
    CALL SYMPUT ('ERSTER', name );

    STOP;
RUN;
```

Wenn wir uns jetzt den Wert der Macrovariablen ERSTER ansehen, steht dort „Nasenbär". Apropos den Wert ansehen: Hierfür gibt es ein einfaches Mittel: Den %PUT Befehl. In unserem kleinen Programm als letzter Befehl abgeschickt, liefert er den Inhalt der angegebenen Macrovariablen als Zeile im LOG-Fenster.

Auch hier die Syntax:
%PUT ¯ovariable ;
oder
%PUT ¯ovariable= ;

Der zuletzt aufgeführte Aufruf bewirkt, daß im Log „ Macro-
variablennname = Wert „ ausgegeben wird, was bei der Ausgabe von
mehr als einer Macrovariablen der Übersichtlichkeit zuträglich ist.

Was machen wir jetzt mit solchen Macrovariablen? Gerade hatten
wir ja bereits ein Beispiel: Es kann ein SAS Dateiname in einer
Macrovariablen abgelegt werden. Ein anderes Beispiel wäre es,
Macrovariablen als Text in einer Überschrift zu verwenden oder auf
Grund Ihres Inhaltes bestimmte SAS Programme zu starten.

Verwenden wir als erstes einmal eine Macrovariable in
einer Überschrift. Gerade haben wir den ersten Eintrag unserer SAS Datei SASUSER.ADRESSEN ermittelt. Diesen Wert
wollen wir in eine Überschrift einbetten. Zu beachten ist
hierbei, daß der Wert einer Macrovariablen nur korrekt aufgelöst wird,
wenn er in doppelten Hochkommata steht. Sehen wir uns das einmal
an Hand unserer bereits definierten Macrovariablen ERSTER an (Beispiel 6.1.9):

```
TITLE „Der erste Name der Datei SASUSER.ADRESSEN
     ist &ERSTER";
PROC PRINT DATA=SASUSER.ADRESSEN;
RUN;
```

Das Ergebnis dieses Beispiels: Die Überschrift wird korrekt aufgelöst!
Und jetzt die Gegenprobe: Versuchen Sie doch einmal selbst, das eben
abgeschickte Programm zu verändern. Setzten Sie statt der doppelten
Hochkommata einfache ein und schicken Sie das Programm noch einmal ab. Jetzt sehen Sie, daß die Macrovariable im Titel nicht korrekt
aufgelöst wird, sondern statt dessen &ERSTER in der Überschrift steht.

Soweit zur Möglichkeit, Macrovariablen als Textstrings für Überschriften o.ä. zu verwenden. Nun betrachten wir die Macrovariablen
noch einmal etwas genauer. Es gibt drei Arten von ihnen: Globale
Macrovariablen, lokale Macrovariablen und automatische Macrovariablen. Der Unterschied zwischen den globalen und den lokalen
Macrovariablen ist einfach: Die globalen Macrovariablen werden außerhalb von Macros definiert und stehen für die gesamte SAS Sitzung
zur Verfügung.

Lokale Macrovariablen werden innerhalb von Macros definiert und
können außerhalb des Macros nicht verwendet werden. Es gibt natürlich wieder eine Ausnahme: Wenn Sie innerhalb eines Macros eine

Macrovariable mit dem %GLOBAL-Befehl definieren, steht diese auch nach der Ausführung des Macros noch zur Verfügung. Dies wollen wir jetzt auch gar nicht weiter vertiefen, wir sind schon fast zu weit im Detail.

Werfen wir jetzt noch einen kurzen Blick auf die automatischen Macrovariablen. Diese Macrovariablen werden beim Start des SAS Systems vom selbigen automatisch definiert. Sie sind global verfügbar. Hier eine kurze Liste einiger verfügbarer automatischer Macrovariablen mit deren Inhalt:

Variable	Inhalt
&SYSSCP	Betriebssystemidentifikation
&SYSDATE	Das Datum, wann SAS gestartet wurde
&SYSDAY	Der Tag, an dem SAS gestartet wurde
&SYSJOBID	Ergibt die Userid, den SAS Jobnamen oder die Session-ID
&SYSVER	Beinhaltet die aktuelle SAS Versionsnummer

Diese Variablen können ab und zu ganz nützlich sein, also: Im Hinterkopf behalten. Nun zu der etwas anspruchsvolleren Seite der Macros: Die MACRO-Programmierung.

6.1.3 MACRO-Programmierung

Hier geht es nun darum, aufgrund bestimmter Bedingungen SAS Programme auszuführen oder zu beeinflussen. Wie die Überschrift schon sagt, tun wir dies an Hand von Macros. Wir werden hier nicht in die Tiefe der Macro-Programmierung einsteigen, nur soviel: SAS Macros sind sehr komfortabel und stellen, wie bereits anfangs zum Ausdruck gebracht, eine eigene Programmierumgebung dar. Wir werden uns hier nur um einen kleinen Teil der Macro-Sprache kümmern, genauer gesagt um einen Befehlskomplex: Die IF Struktur. Mit dem IF-Befehl im Macro arbeiten Sie genau wie im DATA STEP – mit dem einzigen Unterschied, daß im Macro alle Befehle mit einem % versehen werden, damit Sie eindeutig als Macrobefehle zu erkennen sind. Jetzt sieht eine IF-THEN-ELSE Abfrage wie folgt aus:

```
%IF Bedingung    %THEN    [macrobefehle oder SAS-Programm] ;
                 %ELSE    [macrobefehle oder SAS-Programm];
```

oder, genau wie im DATA STEP:

```
%IF Bedingung    %THEN    %DO;
        [macrobefehle oder SAS-Programm] ;
%END;
%ELSE %DO;
        [macrobefehle oder SAS-Programm] ;
%END;
```

Die „Bedingung" ist hier ein Vergleich bzw. eine Abfrage auf Macro-variablen. Diese können entweder wie gehabt mit dem %LET-Befehl im Macro definiert werden, jedoch auch als Parameter an das Macro über-geben werden. Außerdem gibt es noch vom SAS System vordefinierte, also sog. „automatische" Macrovariablen, wie Sie ja bereits gelernt haben. Benutzen wir jetzt eine dieser automatischen Macrovariablen und fragen ihren Wert ab, z.B. die Variable &SYSDAY, die den Wochen-tag beinhaltet (Beispiel 6.1.10).

Definition:

```
%MACRO LISTE;
    %IF &SYSDAY=MONDAY %THEN %DO;
        PROC PRINT DATA=SASUSER.ADRESSEN;
        RUN;
    %END;
%MEND;
```

Aufruf:

```
%LISTE;
```

Dieses Beispiel verdeutlicht den Ablauf sehr schnell:
- Die Macrodefinition beginnt mit dem %MACRO-Befehl
- Der Name des Macros ist Liste
- Es wird abgefragt, ob der Wert der Macrovariablen &SYSDAY gleich MONDAY ist
- Wenn ja (also nur Montags), wird die Prozedur PRINT für die Datei SASUSER.ADRESSEN   ausgeführt
- Die IF-Abfrage wird beendet
- Die Macrodefinition wird mit dem %MEND-Befehl ebenfalls been-det
- Das definierte Macro wird aufgerufen (durch den %LISTE-Befehl)
- Die Liste wird ausgegeben (wenn es Montag ist!)

Zu beachten ist folgendes:
- In der IF-Abfrage nie die %-Zeichen vor den IF-THEN-ELSE-DO- und END vergessen
- Wenn ein SAS-Programm ausgeführt werden soll, muß ein DO-Block verwendet werden
- Nach der Definition des Macros passiert gar nichts. Erst wenn das Macro aufgerufen wird, werden die Befehle ausgeführt.

Das klingt alles sehr einfach. Ist es auch, wenn Ihnen das Grundprinzip klar ist. Mit Macros schaffen Sie sich eigene Funktionen. Das ist alles. Was jetzt natürlich schön wäre, wenn Sie diese Funktion individuell mit Parametern versehen könnten, und das können Sie natürlich auch (hätten wir Sie sonst auf diese Idee gebracht?).

6.1.4 Macro-Parameterisierung

Macros können mit zwei Arten von Parametern versehen werden: Positions- und Schlüsselwortparametern. Eins nach dem anderen, das unkompliziertere zuerst: Positionsparameter. Bei der Definition des Macros können Sie im %MACRO-Befehl hinter dem Macronamen in Klammern eine Liste von Parametern angegeben. Beim Aufruf des Macros können Sie dann wiederum in Klammern hinter dem Macronamen Werte eingeben (durch Komma getrennt), die dann den Parametern, die im Macro unter dem angegebenen Namen als Macrovariablen zur Verfügung stehen, zugewiesen werden. Diese Werte können dann im Macro ganz leicht abgefragt werden können. Zu abstrakt? Bitte sehr – die Syntax:

Definition:

    %MACRO macroname (variable-1, variable-2, ... , variable-n);

      ...
    %MEND [macroname] ;

Aufruf:

    %macroname (parameter-1, parameter-2, ... , parameter-n);

Was, immer noch zu abstrakt? Bitte sehr, bitte schön – ein Beispiel: Sie wollen die Prozedur PRINT aus einem Macro heraus ausführen – ja, hatten wir schon, stimmt, aber: Jetzt soll das Macro einen Dateinamen als Parameter akzeptieren (Beispiel 6.1.11):

```
%MACRO PRINT(DATEI);
   PROC PRINT DATA=&DATEI;
   RUN;
%MEND;
```

So definiert, können Sie mit dem einfachen Aufruf

%PRINT(SASUSER.ADRESSEN);

die Datei SASUSER.ADRESSEN ausdrucken. Einfach gut, gell? In diesem Fall haben wir zwar nur einen Parameter, aber Sie können sich auch Beispiele mit mehreren Parametern einfallen lassen. Beachten Sie jedoch eines: Bei dieser Art der Parametrisierung muß die Reihenfolge der Parameter gewahrt bleiben, ansonsten geht in Ihrem Macro alles drunter und drüber (deshalb übrigens der Name: POSITIONS-Parameter, die Position des Wertes gilt als verbindlich).

Bei den Schlüsselwortparametern müssen Sie zwar etwas mehr schreiben, Sie haben jedoch zwei Vorteile: Zum einen können Sie die Reihenfolge der Parameter beliebig ändern, also auch beliebig viele Parameter auslassen. Zum anderen können Sie bei dieser Form der Parametrisierung sehr einfach Standardwerte für die einzelnen Parameter vergeben, also würde bei dieser Form kein Fehler entstehen, wenn ein Parameter ausgelassen werden würde – ganz im Gegensatz zu den Positions-Parametern. Die Syntax der Schlüsserwort-Parameter:

Definition:

```
%MACRO macroname ( variable-1=[standardwert-1],
                   variable-2=[standardwert-2],

                   ... ,
                   variable-n=[standardwert-n] );
   ...
%MEND [ macroname ] ;
```

Aufruf:

```
%macroname (    [variable-1=parameter-1,
                [variable-2=parameter-2,
                [ ... ,
                [variable-n=parameter-n ]]] );
```

Konkret auf unser Beispiel angewendet, sieht das Macro wie folgt aus, wenn wir als Standardwert die Datei SASUSER.ADRESSEN angeben (Beispiel 6.1.12):

```
%MACRO PRINT(DATEI=SASUSER.ADRESSEN);
   PROC PRINT DATA=&DATEI;
   RUN;
%MEND;
```

Der Aufruf kann jetzt wie folgt lauten:

%PRINT;   ...ergibt eine Liste der Datei
                                      SASUSER.ADRESSEN

%PRINT(DATEI=SASUSER.UMSATZ)   ...ergibt eine Liste der Datei
                                      SASUSER.UMSATZ

%PRINT(DATEI=);   ...ergibt einen Fehler

Die letzte Variante ergibt einen Fehler, weil folgendes Programm erstellt werden würde:

```
PROC PRINT DATA=;
RUN;
```

...und mit einem leeren DATA-Parameter kann die Prozedur PRINT genau so wenig anfangen wie mit einer Dateiangabe in Hochkommata.

Tja, jetzt haben Sie einen Überblick über die Möglichkeiten, die in Macros stecken. Auch hierzu gibt es natürlich Ergänzungen, über die wir Sie bei Bedarf natürlich gerne informieren. Jetzt üben Sie jedoch erst einmal ein wenig mit dem, was Sie gelernt haben.

6.1.5 Tips & Tricks

Diese Tips&Tricks Sektion befaßt sich natürlich mit SAS Macros. Wie bereits erwähnt, gibt es auch eine einfachere Möglichkeit, Ihre Macros abzuspeichern, so daß sie in einer neuen SAS Sitzung wieder automatisch verfügbar sind. Dazu erst einmal eine Hintergrundinformation: SAS Macros werden, wenn Sie sie ohne weitere Angaben definieren (also so, wie Sie es bisher getan haben) in einem SAS Katalog namens MACROS im WORK-Bereich abgespeichert.

Beim Aufruf vom SAS Macros sucht das SAS System deshalb standardmäßig im Katalog WORK.MACROS nach dem angegebenen Macronamen. Wird dieser hier nicht gefunden, gibt das SAS System eine Fehlermeldung im LOG-Fenster aus. Sie können jedoch den Suchpfad für gespeicherte Macros verändern bzw. erweitern und

Macros in anderen Bibliotheken als im WORK-Bereich ablegen. Zuerst zur Speicherung der Macros. Die Angabe, wo das jeweilige Macro abgelegt werden soll, geben Sie in dem %MACRO-Befehl an. Die Syntax lautet dann wie folgt:

Definition:

%MACRO macroname / MSTORE=bibliothek ;
    ...
%MEND;

Wenn Sie also Ihr Macro PRINT im SASUSER-Bereich speichern wollen, geben Sie an (Beispiel 6.1.13):

```
%MACRO PRINT(DATEI=SASUSER.ADRESSEN) / MSTORE=SASUSER;
    PROC PRINT DATA=&DATEI;
    RUN;
%MEND;
```

Um in der nächsten SAS Sitzung auf das definierte Macro zuzugreifen, muß die SAS Option SASMSTORE auf den jeweiligen Suchpfad gesetzt werden. Die Syntax:

OPTIONS SASMSTORE=(bibliothek-1 bibliothek-2 ... bibliothek-n);

Für unser konkretes Beispiel würde die Option wie folgt gesetzt werden:

OPTIONS SASMSTORE=(SASUSER);

Beachten Sie bitte: Das Macro wird nur in der definierten Form gespeichert, d.h. die Macrodefinition wird aus dem Program-Editor mit SUBMIT abgeschickt. Das Programm muß, wenn Sie es später modifizieren wollen, von Ihnen abgespeichert werden, denn der Katalog-Eintrag mit der Erweiterung .MACRO ist für Sie nicht in der Form von Programmbefehlen verfügbar, sondern beinhaltet den übersetzten, nur vom SAS System intern verwertbaren Code.

6.2 Die SQL im SAS System

Kennen Sie die SQL? Wenn nicht, lohnt sich dieser Abschnitt richtig. SQL ist mal wieder ein Abkürzung und bedeutet STRUCTURED QUERY LANGUAGE. Die SQL ist eine international genormte Abfragesprache. Die Normung wird durch eine Kommission in den USA vorgenommen, der sog. ANSI-Kommission. Der Standard, der im SAS System (Stand: Version 6.08) abgebildet ist, ist der ANSI 2 Standard, zum Zeitpunkt der Herausgabe ein relativ neuer Standard.

Viele Hersteller bieten SQL Schnittstellen oder die SQL an sich in Ihrem System an... – so auch SAS Institute. Viele Anbieter nehmen sich die Freiheit, zusätzlich zum ANSI-Standard noch weitere Features in „Ihrer" SQL zu bieten... – genau wie auch SAS Institute. Was wir jetzt im folgenden ansehen, sind die Basis-SQL Befehle und in der Tips&Tricks Sektion ein wenig mehr über die Spezialitäten der SQL im SAS System. Wenn Sie noch nie von der SQL gehört haben, wird es vielleicht etwas schwierig werden, aber: Wenn Sie bis jetzt durchgehalten haben, schaffen Sie das auch noch.

Artur, stell Dich nicht so an. Du machst mir die Leser noch verrückt! Übrigens: Dies ist kein SQL-Kurs, denn das wäre doch etwas zu viel. Nein, Sie bekommen einen Schnelleinstieg in diese Abfragesprache, der Ihnen einen kleinen Eindruck vermitteln soll, was denn so alles möglich ist. Aufbauend hierauf können Sie im Selbststudium oder bei Kursen natürlich weiter und mehr zur SQL und ihren Bestandteilen lernen. Wir werden uns auf einen Teil beschränken – die Datenabfrage.

6.2.1 SQL Grundlagen

Die SQL ist eine Abfragesprache. Ihr Sprachaufbau ist an die normale Satzstellung angelehnt – an die englische natürlich. Um im SAS System Abfragen auf SAS Dateien mittels der SQL zu starten, muß die Prozedur SQL getartet werden. Die Syntax:

```
PROC SQL optionen ;
     SQL-Befehle ;
RUN; QUIT;
```

Beachten Sie bitte den QUIT-Befehl am Ende der Parametrisierung. Die Prozedur SQL kann nur mit einem folgenden DATA oder PROC STEP oder eben diesem QUIT-Befehl beendet werden. Der RUN-Befehl kann trotzdem eingesetzt werden, beendet die Prozedur SQL jedoch nicht. Erinnern Sie sich an die Grafik-Sektion? Dort haben Sie schon den QUIT-Befehl kennengelernt, in der folgenden Tips&Tricks Sektion werden wir dessen Funktion noch einmal genau hinterfragen.

Nun zum eigentlichen SQL-Sprachaufbau. Der zentrale Befehl der SQL heißt SELECT. Abfragen auf Dateien beginnen mit diesem Schlüsselwort. Gefolgt wird dieser Befehl von den zu selektierenden Werten, der Datei, aus der die Daten selektiert werden sollen, der Bedingung, welche Daten selektiert werden sollen, wie die Daten gruppiert und wie sie sortiert werden sollen. Desweiteren bestehen noch diverse Möglichkeiten zur Verbindung von SAS Dateien. Nun jedoch erst einmal der generelle Aufbau einer SQL-Abfrage:

```
SELECT     [*] oder [variable-1, variable-2, ..., variable-n]
FROM       [SAS Datei]
WHERE      [bedingung]
ODER BY    [variable-1, variable-2, ..., variable-n]
GROUP BY   [variable-1, variable-2, ..., variable-n]
```

Wie bereits angemerkt, ist dies der vereinfachte Aufbau einer SQL Abfrage. Nun jedoch zu den Einzelheiten:

SELECT ist das erwähnte Schlüsselwort, das besagt, daß Daten aus einer Datei abgefragt bzw. extrahiert werden sollen. Als nächstes wird angegeben, welche Variablen aus dem später anzugebenden Datenbestand ausgewählt werden sollen. Dies geschieht entweder durch die explizite Angabe der Variablennnamen, hier durch ein Komma getrennt, oder wenn alle Variablen ausgewählt werden sollen, durch die Angabe eines Sterns. Das darauf folgende Schlüsselwort lautet FROM, also: Woher kommen die Daten. Hier muß der Name einer SAS Datei angegeben werden.

Prinzipiell können Sie jetzt schon Ihre erste Abfrage formulieren. Selektieren Sie z.B. den Namen und Vornamen aus Ihrer Datei SASUSER.ADRESSEN. Das Programm muß wie folgt aussehen (Beispiel 6.2.1):

```
PROC SQL;
    SELECT NAME, VORNAME
    FROM SASUSER.ADRESSEN;
RUN; QUIT;
```

Da Sie nicht explizit ein Ziel angegeben haben (wie Sie dies tun, erfahren Sie später), wird das Ergebnis dieser Abfrage im Ausgabe-Fenster angezeigt.

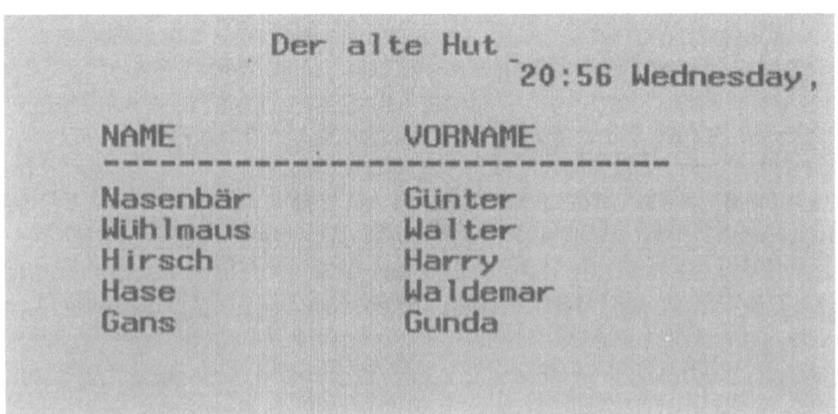

Ausgabe von Beispiel 6.2.1.

Als nächstes sollen Sie die Ausgabe einschränken, d.h. alle Datensätze ausgeben, bei denen der Nachname mit „H" anfängt. Wie Sie eine WHERE-Bedingung formulieren, wissen Sie ja schon. In der SQL wird die WHERE-Bedingung nach dem FROM-Befehl eingefügt (Beispiel 6.2.2):

```
PROC SQL;
    SELECT NAME, VORNAME
    FROM SASUSER.ADRESSEN
    WHERE NAME LIKE „H%";
RUN; QUIT;
```

Na, erinnern Sie sich? Mit dem LIKE-Operator und dem „%"-Zeichen können Sie, wie hier gezeigt, auch z.B. den Anfang einer Zeichenkette abfragen. Das Ergebnis: Die Namen, die mit H beginnen, wie gewünscht. Als nächstes hätten wir den ORDER BY Befehl auf dem Programm. ORDER BY tut genau das, was uns die wörtliche Übersetzung sagt: Die Daten werden in die angegebene Reihenfolge gebracht. Wenn wir die erste Liste nach dem Vornamen sortieren, lautet das Programm wie folgt (Beispiel 6.2.3):

```
PROC SQL;
    SELECT NAME, VORNAME
    FROM SASUSER.ADRESSEN
    ORDER BY VORNAME;
RUN; QUIT;
```

Der letzte aufgeführte Befehl, GROUP BY, erzeugt Gruppierungen Ihrer Daten. Dies ist allerdings nur sinnvoll, wenn Sie Statistiken für die Gruppen berechnen wollen. Nehmen wir wieder ein einfaches Beispiel, das Ihnen auch noch geläufig sein sollte. Es sollen Summen für die Werte UMSATZ und ABSATZ der Datei SASUSER.UMSATZ gruppiert nach der Warengruppe gebildet werden. Diese Aufgabenstellung haben Sie bereits mit der Prozedur MEANS bzw. SUMMARY gelöst. Nun zeigen wir Ihnen eine SQL-Lösung. Die Syntax für diese Abfrage muß zum einen den GROUP BY Befehl beinhalten, zum anderen muß angegeben werden, welche Statistik für welchen Wert berechnet werden soll. Die geschieht durch die Verwendung der Funktionen SUM, MIN, MAX, etc. bei der Aufzählung der auszuwertenden Variablen, von denen Sie ja bereits gehört haben. Sehen wir uns jetzt den Aufbau der Abfrage an (übrigens: Den Aufruf der Prozedur SQL lassen wir weg, Sie wissen ja, daß diese Abfrage nur innerhalb dieser Prozedur ablauffähig ist) (Beispiel 6.2.4):

```
SELECT WARENGRP, SUM(UMSATZ), SUM(ABSATZ)
FROM SASUSER.UMSATZ
GROUP BY WARENGRP;
```

Mit diesem Programm erzielen Sie logisch das gleiche Ergebnis wie mit einem PROC SUMMARY bzw. PROC MEANS Schritt. Lediglich die Form der Ausgabe des SQL-Schrittes differiert etwas:

```
                    Der alte Hut
                                20:56 Wednesday, April

        WARENGRP
        ------------------------------------------
        Metall          279763.3    25373.8
        Plastik         25996.21    86408.12
```

Ausgabe von Beispiel 6.2.4.

Hier noch einige Hinweise zur Datenberechnung mit der SQL:

– Wenn Sie berechneten Werten neue Namen zuweisen wollen, tun Sie das mit dem AS Befehl in der Form:
   SELECT statistik (variable) AS neue-variable FROM ... usw.

– Um die Datensatzanzahl zu ermitteln, benutzen Sie die Funktion COUNT(*). Diese Funktion kann auch in Verbindung mit dem GROUP BY-Befehl verwendet werden. Die syntaktische Form anhand unseres Beispiels 6.2.4:
   SELECT WARENGRP, COUNT(*)
   FROM SASUSER.UMSATZ
   GROUP BY WARENGRP;

Dies sollte erst einmal zur Berechung von Werten genügen. Nun bewegen wir uns einen Schritt weiter. Bisher haben wir die Prozedur SQL lediglich als Berichtsgenerator verwendet. Es besteht jedoch auch die Möglichkeit, SAS Dateien zu erzeugen. Wie Sie bereits recht früh erfahren haben, gibt es mehrere Typen von SAS Dateien: echte SAS Datasets und SAS Data-Views, also logische Sichten auf Datenbestände.
   Beide Formen können Sie mit der SQL erzeugen. Hierzu bedarf es einer eigentlich trivialen Erweiterung unserer bisherigen Kenntnisse. Die Daten, aus denen Sie ein neues SAS Dataset bzw. einen SAS Data-View erzeugen, selektieren Sie weiterhin mit dem SELECT Befehl in der eben kennengelernten Form. Nun geben Sie vor dem SELECT Befehl noch das Ziel dieser Operation mit dem CREATE-Befehl an. Zum Erstellen von SAS Datasets geben Sie CREATE TABLE, zum Erstellen von SAS

Data-Views CREATE VIEW an. Der CREATE TABLE/VIEW Befehl wird dann von einem AS und dem SELECT Befehl gefolgt. Die komplette Syntax sieht dann wie folgt aus:

```
CREATE TABLE/VIEW AS
SELECT     [*] oder [variable-1, variable-2, ..., variable-n] [AS] [neu-1,
           neu-2, neu-3]
FROM       [SAS Datei]
WHERE      [bedingung]
ODER BY    [variable-1, variable-2, ..., variable-n]
GROUP BY   [variable-1, variable-2, ..., variable-n]
```

Nun malen Sie sich einmal die Vorteile der SQL aus, speziell der Möglichkeit zur Erstellung von SAS Data-Views. Sie brauchen jetzt z.B. eine Summierung, die Sie für einen Bericht benötigen, nicht mehr als neue Datei permanent speichern, sondern Sie legen einen SAS Data-View mit den benötigten Statistiken an. Sie können dann bei Bedarf einen PROC PRINT auf Ihren View starten, der erst beim Aufruf ausgeführt wird und die Ergebnisdaten auf der Basis des aktuellen Datenbestandes ermittelt. Tun wir dies einmal für unser Beispiel 6.2.4. Das Programm lautet (Beispiel 6.2.5):

```
CREATE VIEW SASUSER.SUMVIEW
SELECT WARENGRP, SUM(UMSATZ), SUM(ABSATZ)
FROM SASUSER.UMSATZ
GROUP BY WARENGRP;
```

Sie haben jetzt eine logische Sicht und keine Ausgabe erzeugt. Wenn Sie die SAS Sitzung verlassen, bleibt Ihnen der View erhalten, da Sie ihn permanent im SASUSER-Bereich abgelegt haben (was Sie natürlich nicht müssen). Sie können beim Start einer neuen SAS Sitzung direkt z.B. die Prozedur PRINT mit diesem View ablaufen lassen. Die Daten der Basisdatei SASUSER.UMSATZ könnten sich inzwischen verändert haben, und Sie möchten vielleicht die aktuellen Absatz- und Umsatzsummen angezeigt bekommen...- einfacher geht's fast nicht. Der Speicherbedarf eines SAS Data-Views ist verschwindend gering. Beachten Sie jedoch, daß genau das gerade als Vorteil dargestellte Verhalten des immer aktuellen Datenzugriffs auch ein Nachteil sein kann. Wenn Sie nämlich in einer SAS Sitzung viele Berichte auf diesen View generieren, wird immer wieder auf die Basisdaten zugegriffen. Der Tip: Kopieren Sie in solchen Fällen mit einem einfachen DATA STEP den Inhalt Ihres Views zu diesem Zweck in den WORK-Bereich. Der DATA STEP könnte so aussehen:

```
DATA WORK.SUMMEN;
    SET SASUSER.SUMVIEW;
RUN;
```

Die Datei WORK.SUMMEN wäre in diesem Fall ein SAS Dataset, die Zugriffszeit ist wesentlich verbessert.

Nun, das reicht für den Grundlagenteil der SQL. Üben Sie jetzt ein wenig, ehe wir noch etwas mehr ins Detail gehen.

6.2.2 Daten verbinden

Erinnern Sie sich noch an das folgende Programm?

```
DATA SASUSER.KOMPLETT;
    MERGE SASUSER.PERSONEN SASUSER.ADRESSEN;
    BY NAME VORNAME;
RUN;
```

Nun, hier haben wir die Aufgabe gelöst, zwei SAS Dateien nach den Schlüsseln NAME und VORNAME zu verbinden und eine Ergebnisdatei SASUSER.KOMPLETT zu erzeugen. Diese Aufgabe läßt sich mit der SQL genauso gut, wenn nicht sogar besser erledigen.

Sie haben bei dem DATA STEP mit dem MERGE-Befehl das Problem, daß auf Grund des benötigten BY-Befehls die Daten nach den im BY-Befehl angegebenen Variablen sortiert sein müssen. Bei SQL-Joins (so heißt der Oberbegriff, wenn Sie Dateien mit der SQL mischen bzw. anders verbinden) besteht diese Restriktion nicht. Desweiteren ist der Sprachaufbau der SQL etwas transparenter. Nachteilig ist in einigen Fällen jedoch die Laufzeit solcher Operationen. Die Entscheidung, ob Sie die SQL oder den DATA STEP verwenden, wird deshalb immer vom Einzelfall abhängen.

Nun jedoch zur technischen Umsetzung. Es gibt viele Arten, Dateien zu kombinieren. Dateien können verkettet, verschränkt oder gemischt werden, und dies nach vielen verschiedenen Bedingungen. Alle Möglichkeiten, die die SQL auf diesem Gebiet zur Verfügung stellt, aufzuführen, ist Aufgabe eines spearaten Buches. Um Ihnen jedoch einen Eindruck zu vermitteln, werden wir die beiden Dateien SASUSER.ADRESSEN und SASUSER.PERSONEN miteinander verbinden – und zwar mittels der SQL.

Hierzu dient wiederum als Basis der SELECT Befehl. Die einzigen Erweiterungen finden Sie im FROM Befehl und in der WHERE Bedingung. Im FROM Befehl werden jetzt, bei dieser einfachen Art der Datenverbindung, die Quelldateien durch Kommata getrennt angegeben. Im WHERE Befehl wird die Bedingung für die Verbindung von Datensätzen angegeben. Um gleichnamige Variablen beider Dateien auseinanderzuhalten, kann im FROM Befehl jeder Datei ein „Alias"-Name zugewiesen werden, der dann als Präfix für jeden Variablennamen der jeweiligen Datei anzuwenden ist. Genug der Vorrede, erst einmal das Syntaxgerüst der SQL-Abfrage:

```
SELECT      [alias1.variable-1, alias1.variable-2, ..., alias1.variable-n,
            alias2.variable-1, alias2.variable-2, ..., alias2.variable-n]
            [alias1.*] [alias2.*] [*]
FROM        [SAS Datei-1 ALIAS alias1] , [SAS Datei-2 ALIAS alias2]
WHERE       [alias-n.variable-x] [vergleichsoperator] [alias-n.variable-x]
... ;
```

Etwas unübersichlich, nicht wahr? Nun ja, nehmen wir einfach ein praktisches Beispiel. Wir haben unsere (in diesem Fall) zwei Dateien namens SASUSER.ADRESSEN und SASUSER.PERSONEN. Die Datensätze dieser beiden Dateien können über den Namen und den Vornamen eindeutig einander zugewiesen werden. NAME und VORNAME sind somit unsere Schlüssel, die in der Datei ADRESSEN und der Datei PERSONEN übereinstimmen müssen, damit ein Ergebnisdatensatz erzeugt werden kann. Somit hätten wir auch schon unsere Bedingung formuliert. Diese Bedingung bezieht sich auf die Datenzeilen.

Nun gibt es noch eine Bedingung, die beachtet werden muß. Wenn einen Selektion in der Form „SELECT * ..." usw. stattfindet, werden alle Variablen der angegebenen Datei(en) in den Bericht bzw. die zu erzeugende Zieldatei zu erzeugenden View übernommen. In unserem Beispiel (wie auch einigen anderen Fällen) haben die Schlüsselvariablen in beiden Dateien den gleichen Namen und (natürlich) den gleichen Inhalt. Bei der angesprochenen „SELECT *..."-Abfrage würden die Variablen NAME und VORNAME in der Ergebnisdatei zweimal auftauchen (wobei einmal neue Namen automatisch vergeben werden). Diesen Fall gilt es auszuschließen, daher ist eine genaue Angabe der auszugebenden Variablen nötig.

Im folgenden Programm lautet die Formulierung in etwa: Nehme alle Variablen der Datei A (was der Alias für PERSONEN ist) und nur die Variablen STRASSE, PLZ, ORT und TELEFON der Datei B (hier der Alias für ADRESSEN) aus der Datei PERSONEN (auch A genannt) und der Datei ADRESSEN (auch B genannt), aber nur, wenn die Werte der Variablen NAME und VORNAME der Datei A (PERSONEN) mit denen in der Datei B (ADRESSEN) übereinstimmen. So isses. Als Programm formuliert erhalten wir diese SQL-Abfrage (Beispiel 6.2.6):

```
SELECT A.*, B.STRASSE, B.PLZ, B.ORT, B.TELEFON
FROM SASUSER.PERSONEN ALIAS A,
     SASUSER.ADRESSEN ALIAS B
WHERE A.NAME=B.NAME AND A.VORNAME=B.VORNAME;
```

Tja, und damit hätten wir diese beiden Dateien kombiniert. Bei dieser Methode gibt es natürlich ein Problem. Stellen Sie sich vor, Sie haben alle Namen und persönlichen Daten (also Größe und Gewicht usw., sprich: Die Daten der Datei PERSONEN) zwar erfaßt, jedoch keinen korrespondierenden Datensatz in der Datei ADRESSEN eingegeben. In diesem Fall würde diese Person nicht in der Ausgabe auftauchen. Dies kann allerdings durchaus so gewünscht sein.

Wenn dies nicht in Ihrem Sinne ist, so müssen Sie eine andere Art der Datenverbindung wählen. Hierzu stehen verschiedenste Kombinationsmöglichkeiten und syntaktische Hilfen zur Verfügung. Die Befehle in der SQL lauten dann z.B. LEFT JOIN, RIGHT JOIN, UNION, OUTER UNION, OUTER UNION CORRESPONDING etc. Diese Befehle sollen hier, wie schon gesagt, nicht weiter erläutert werden. Wichtig ist, daß Sie von deren Existenz wissen. Nun versuchen Sie, das gegebene Beispiel umzustellen, zu erweitern und für Ihre eigenen Problemstellungen zu verwenden.

6.2.3 Tips & Tricks

Tips und Tricks gibt es besonders im Berich der SQL viele. Es ist daher schwer, eines der vielen „Goodies" herauszusuchen, wir hoffen jedoch, das richtige gefunden zu haben.

Eine häufig auftretende Auswertung ist, daß z.B. alle Datensätze, deren Wert über dem Mittelwert der zu mittelnden Variablen liegt, auszugeben. Am besten soll der Mittelwert im Bericht mit ausgegeben werden. Hierzu ein schönes Beispiel. Wir wollen alle Datensätze unserer Datei SASUSER.UMSATZ ausgeben, bei denen der Umsatz über dem Durchschnitt liegt. Dazu hilft uns ein recht einfacher Trick.

Wir starten zwei SQL Abfragen hintereinander. In der ersten ermitteln wir den Durchschnittswert für den Umsatz. In der zweiten erstellen wir den Bericht, wobei wir den ermittelten Wert verwenden. Den Wert übergeben wir in Form einer Macrovariablen. Die Speicherung des ermittelten Durchschnittswertes erfolgt mit dem INTO-Befehl. Die generelle Syntax für solch eine Abfrage lautet wie folgt:

```
SELECT statistik ( variable ) INTO :macrovariable
FROM SAS Datei
... ;
```

Auffällig ist hier, daß die Macrovariable mit einem voranstehenden Doppelpunkt angegeben wird. Praktisch gesehen schaut die Ermittlung des Durschschnittsumsatzes so aus:

```
SELECT AVG ( UMSATZ ) INTO :AVGUMS
FROM SASUSER.UMSATZ;
```

Die Überschrift für unseren Bericht stellen wir dann mit dem TITLE-Befehl hinten an:

```
TITLE „Alle Daten über dem Durchschnittswert von &AVGUMS DM";
```

Dann brauchen wir lediglich noch den Bericht zu erzeugen, der aus einem einfachen SELECT-Befehl besteht:

```
SELECT *
FROM SASUSER.UMSATZ
WHERE UMSATZ > &AVGUMS ;
```

Diese drei Schritte sind hintereinander im Beispielprogramm 6.2.7 für Sie zum Test bereitgestellt. Das Ergebnis ist diese Liste:

```
Alle Daten über dem Durchschnittswert von 3057.595 DM              70
                                        20:56 Wednesday, April 13, 1994

WARENGRP      PRODUKT        DATUM      ABSATZ      UMSATZ
-----------------------------------------------------------------
Metall        Mutter         10958      739.85      9248.13
Metall        Mutter         10989      680.35      8504.44
Metall        Mutter         11017      799.3       9991.22
Metall        Mutter         11078      486.41      6080.13
Metall        Mutter         11109      677.11      8469.87
Metall        Mutter         11139      571.92      7148.96
Metall        Mutter         11170      526.77      6584.59
Metall        Mutter         11231      266.27      3328.33
Metall        Mutter         11292      495.48      6193.53
Metall        Mutter         11354      268.74      3359.23
Metall        Mutter         11382      628.1       7851.19
Metall        Mutter         11413      388.78      4859.7
Metall        Mutter         11443      290.45      3630.59
Metall        Mutter         11474      359.72      4496.48
Metall        Mutter         11504      707.06      8838.24
Metall        Mutter         11566      352.95      4411.83
Metall        Mutter         11627      634.22      7927.71
Metall        Mutter         11657      348.9       4361.28
Metall        Mutter         11688      303.16      3789.47
Metall        Schraube       11017      951.82      9518.23
Metall        Schraube       11048      912.91      9129.08
Metall        Schraube       11078      885.07      8850.67
```

Noch eine Anmerkung: Für diese Aufgabenstellung gibt es auch andere Lösungsansätze, die z.B. vom Laufzeitverhalten her wesentlich effektiver sind. Jedoch haben Sie hier die Kombination von SAS Macrovariablen und der Standardsprache SQL am besten verdeutlicht. Nun stellen Sie sich selbst einige Aufgaben, bei denen Sie u.a. den INTO-Befehl verwenden.

Damit sind wir allerdings mit unseren Tips & Tricks noch nicht am Ende. Wie versprochen kommt jetzt noch eine kurze Erläuterung zum QUIT-Befehl. Die Bewandnis dieses Befehls ist die folgende:

Bestimmte Prozeduren im SAS System benötigen auf Grund ihrer umfangreichen Aufgabenstellung einen gewissen Initialaufwand, um in den Hauptspeicher geladen zu werden. Dies benötigt natürlich Zeit. Der Sinn des QUIT-Befehles und der damit verbundenen „Run-Group-Processing" ist es, diese Zeiten zu optimieren. Nehmen wir als Beispiel die Prozedur SQL. Sie wollen eine Abfrage auf den Datenbestand SASUSER.UMSATZ starten.

Dazu geben Sie dieses Programm ein:

```
PROC SQL;
        SELECT * FROM SASUSER.UMSATZ;
RUN;
```

...und beenden den PROC Schritt wie gewöhnlich mit RUN;. Wenn Sei nun aus der erzeugten Ausgabe zurück in den PROGRAM EDITOR kommen, sehen Sie, daß im Kopf des Fensters „PROC SQL running..." steht... – aha !

Die Prozedur ist im Speicher geladen und noch aktiv. Sie können jetzt weitere SQL-Abfragen starten, indem Sie z.B. die Abfrage

```
        SELECT * FROM SASUSER.UMSATZ
        WHERE UMSATZ > 1000;
RUN;
```

absetzen, ohne die Prozedur SQL vorher zu starten. Sie werden vielleicht merken (nicht unbedingt), daß der Aufruf jetzt schneller von Statten ging. Erst, wenn Sie einen QUIT; Befehl eingeben, einen neuen PROC oder DATA Schritt aufrufen, wird die aktive Prozedur beendet.

Dies funktioniert auch mit den grafischen Prozeduren GCHART (z.B. neue VBAR Befehle absetzen), GPLOT, G3D, etc. Wieder mal ein Trick, um Ihren Resourcen-Bedarf zu minimieren.

So, was haben Sie jetzt gelernt? In dieser Sektion haben wir Ihnen die Structured Query Language und deren Einsatz im SAS System ans Herz gelegt. Wir haben Sie mit einem Bereich dieser Sprache, der Datenabfrage, bekannt gemacht. Wie bereits erwähnt, kann die SQL natürlich noch andere Dinge tun, generell wird die SQL in vier Bereiche unterteilt, die uns hier allerdings nicht primär interessieren.

Das einzige, was wir Ihnen an dieser Stelle wieder und wieder raten können ist, das Gelernte mit eigenen Daten praktisch umzusetzen – also ÜBEN !

6.3 Eingabemasken komfortabel gestalten

Last not least – dies sollte man auf jedem Fall immer den letzten Abschnitten vorausschicken. Zweck dieses Ausspruches ist es ja, den Leser zu motivieren, sich auch diese Informationen noch in Ruhe zu Gemüte zu führen. Da Sie das ja eh tun, lassen wir also diese Floskeln aus.

Worum geht es jetzt abschließend? Sie haben bisher sehr viel über den Programmablauf des SAS Systems gelernt. Am Ende dieses Lehrbuches wollen wir Ihnen zum einen einen Eindruck geben, was das SAS System im Bereich von Frontend-Entwicklung zu bieten hat. Dies beschränkt sich hier auf den minimalen Bereich der Eingabemasken.

Als zusätzlichen Ausblick werden wir Ihnen dann noch die Grundstruktur der Screen Control Language (SCL) vorstellen, der Steuerungssprache, die für den Ablauf von Bildschirmanwendungen verantwortlich ist. Näheres hierzu später, wenden wir uns nun den Eingabemasken zu.

6.3.1 FSEDIT modifizieren

Im Abschnitt 3.4.6, der Tips & Tricks-Sektion im Bereich Datei-modifikation, haben Sie schon einmal vom MODIFY-Befehl innerhalb der Prozedur FSEDIT gehört. Die Funktionen, die im Modifikations-modus ausgeführt werden können, wollen wir nun ein wenig näher betrachten. Rufen Sie erst einmal die Prozedur FSEDIT mit einer der drei Ihnen bekannten Methoden für die Datei SASUSER.ADRESSEN auf. Wenn Ihnen keine Methode mehr einfällt, haben Sie nicht richtig ge-übt, und gehen sofort zurück zum Abschn. 3.2.2, begeben sich direkt dorthin, gehen nicht über LOS und ziehen kein Lob ein!

So, was sehen Sie vor sich? Richtig, eine einfache und bis jetzt noch nicht sonderlich schöne Eingabemaske für Ihre Daten. Um dies zu än-dern, werden wir einen eigenen individuellen Eingabeschirm für die Datei SASUSER.ADRESSEN in der Prozedur FSEDIT entwerfen. Nun stellt sich eine Frage ganz zu Anfang: Die Modifikationen, die im Bildschirmlayout vorgenommen werden, müssen ja irgendwo gespei-chert werden.

Wo werden also diese Definitionen gespeichert und wie wird ange-geben, daß genau diese Definitionen verwendet werden sollen? Be-trachten wir, um dieses Rätsel zu lösen, die Syntax des FSEDIT-Aufrufes:

PROC FSEDIT DATA=[SAS Datei] [SCREEN=[libref.catalog.schirm-name.SCREEN]] [Optionen];
RUN;

Sie können hier also einen Schirmnamen in der Form „libref.catalog.schirmname.SCREEN" angeben. Alle Spe-zifikationen werden also in einem Katalogeintrag mit der Erweiterung „.SCREEN" abgelegt. Wenn Sie die Prozedur FSEDIT mit einer SCREEN-Angabe aufrufen, werden ent-weder die dort vorliegenden Definitionen verwendet, oder falls der angegebene SCREEN nicht existiert, ein neuer SCREEN-Eintrag erzeugt. Rufen Sie jetzt die Prozedur FSEDIT noch ein-mal auf - mit einer SCREEN-Angabe, z.B. also wie folgt (Beispiel 6.3.1):

```
PROC FSEDIT  DATA=SASUSER.ADRESSEN
             SCREEN=SASUSER.SCHIRME.ADRESS.SCREEN;
RUN;
```

Da diese Schirmdefinition noch nicht existiert, wird sie, wie bereits an-gemerkt, neu erstellt. Sie haben also bis jetzt kein anderes Bild erhalten als vorher. Nun fangen wir an, ein wenig zu designen. Wie Sie ja bereits gesehen haben, gibt es ein Modifikationsmenu, das erscheint, wenn Sie den Befehl MODIFY eingeben oder unter dem Pulldown-Menu „Locals" die Auswahl „Modify Screen..." treffen. Sie erhalten zuerst die Abfrage nach einem Passwort, das Sie gerne vergeben können (irgendwann einmal). Jetzt bestätigen Sie bitte erst einmal dieses Fenster mit OK. Nun sehen Sie (wieder) das FSEDIT Menu, das wir für uns Modifikationsmenu taufen. Der Schirm sieht also wie folgt aus:

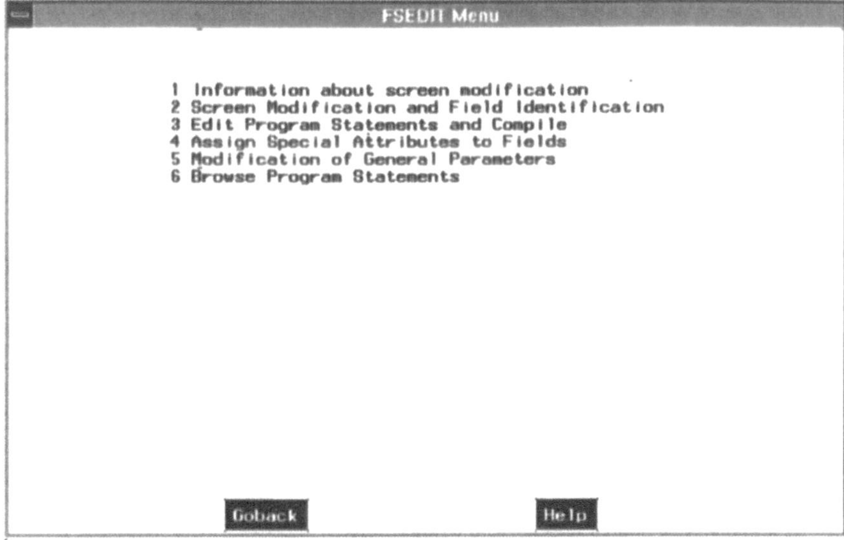

FSEDIT Modifikations Menu

Die sechs Menupunkte haben folgende Bedeutungen:

- Information about screen modification
   ... ruft die Hilfeschirme der Prozedur FSEDIT auf,
- Screen Modification and Field Identification
   ... läßt Sie interaktiv Ihr Bildschirmlayout verändern, Texte hinzufügen etc. Mittels einfacher „Screen-Painting"-Funktionen können Sie auch einzelne Bildschirmbereiche farblich hervorheben,
- Edit Program Statements and Compile
   ... stellt Ihnen einen Editor zur Verfügung, in dem Sie für diese Eingabemaske ein SCL-Programm zur Verfügung stellen können,
- Assign Special Attibutes to Fields
   ... hatten wir bereits kurz angesprochen (Abschnitt 3.4.6), läßt Sie Standardeinstellungen für Bildschirmfelder verändern,

- Modification of General Parameters
  ... läßt Sie Änderungen in den Grundeinstellungen der Prozedur FSEDIT vornehmen (z.B. Schirmfarben),
- Browse Program Statements
  ...zeigt Ihnen das für diesen Schirm eingegebene SCL-Programm an.

So, den groben Überblick sollten Sie nun haben. Fangen wir nun damit an, das Bildschirm-Layout etwas zu verändern. Wählen Sie dazu den Menüpunkt 2 aus, indem Sie ihn mit der Maus anklicken oder die Zahl „2" in der Kommandozeile eingeben.

Sie bekommen nun Ihren Eingabeschirm, allerdings ohne Daten, im editierbaren Modus angezeigt. Sie können jetzt z.B. die Zeilennumerierung einschalten (Pulldown-Menu Edit->Options->Numbers bzw. Kommando NUMS ON) und die Felder auf dem Bildschirm verschieben. Beachten Sie, daß die (standardmäßig gelben) Unterstriche als Platzhalter für die Datenwerte gelten. Das Ergebnis Ihrer Designer-Arbeiten könnte wie folgt aussehen:

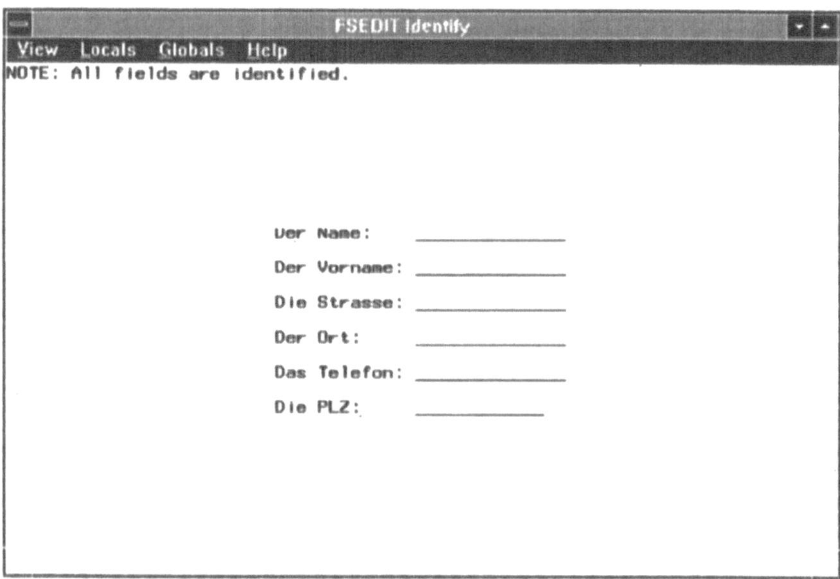

Identifikationsschirm in FSEDIT.

Wenn Sie nun diesen Schirm beenden (File->End oder Kommando END), werden Sie gefragt, ob Sie „...any computational or repeated Fields" erstellt haben. Da Sie dies nicht getan haben (sagen wir einfach mal so), können Sie „N" für „Nein" eingeben. Dann werden Sie evtl. nach den Positionen der Datenfelder gefragt. Sie bekommen den Erfassungsschirm angezeigt, werden gefragt, wo die Variablen zu finden sind, und positionieren dann den Cursor auf dieses Feld, um mit ENTER die Feldposition zu bestätigen. Dies könnte so aussehen:

```
┌─────────────────────────────────────────────────────────┐
│ ─                    FSEDIT Identify                      │
│  View   Locals   Globals   Help                          │
│Please put cursor on field: PLZ and press ENTER ... or UNWANTED
│
│
│
│
│
│
│                        Der Name:      _____________
│                        Der Vorname:   _____________
│                        Die Strasse:   _____________
│                        Der Ort:       _____________
│                        Das Telefon:   _____________
│                        Die PLZ:       █_____________
│
└─────────────────────────────────────────────────────────┘
```

Identifikationsschirm in FSEDIT (2).

Wenn Sie alle Feldpositionen bekanntgegeben haben, erscheint eine dementsprechende Meldung („NOTE: All fields identified"). Verlassen Sie jetzt den Editiermodus und sehen Sie sich unser Etappenziel an:

```
┌─────────────────────────────────────────────────────────┐
│                                                           │
│                                                           │
│          Der Name:     Nasenbär                           │
│          Der Vorname:  Günter                             │
│          Die Strasse:  Tonnenweg                          │
│          Der Ort:      Heidelberg                         │
│          Das Telefon:  06221-999999                       │
│          Die PLZ:                 6900                     │
│                                                           │
│                                                           │
└─────────────────────────────────────────────────────────┘
```

Neue Eingabemaske.

So, ist doch ganz hübsch, oder? Nun noch eine kleine Information zum Menupunkt 4, „Assign Special Attributes to Fields". Rufen Sie noch einmal das Modifikationsmenu auf (Sie wissen ja, wie), und wählen Sie den Menupunkt 4 aus (auch da wissen Sie, wie). Sie haben im (gerne zitierten) Abschnitt 3.4.6 gelernt, daß Sie sich hier mit der normalen Blätterfunktion zwischen den Feldparametern bewegen können. Tun wir dies einmal und schauen uns die möglichen Parameter an. Die Parameternamen finden Sie (zur Orientierung) in der Kopfzeile des Bildschirmes.

```
FSEDIT Attribute: CAPS
View   Globals   Help
NOTE: The letter C indicates which fields are to be capitalized.

             Der Name:     ▮
             Der Vorname:  ______________
             Die Strasse:  ______________
             Der Ort:      ______________
             Das Telefon:  C_____________
             Die PLZ:      C_________
```

FSEDIT Attributschirm (hier: CAPS).

Da wären folgende Attribute:

Attribut	Funktion
INITIAL	Hier können Sie den Datenfeldern Initialwerte zuweisen, die im Feld stehen sollen, wenn Sie einen neuen Datensatz anfügen
MAXIMUM	Der maximale Wert, den dieses Feld beinhalten darf. Wenn dieser Wert überschritten wird, wird automatisch eine Fehlerbedingung für dieses Feld aktiviert
MINIMUM	...das gleiche für den Minimalwert
REQUIRED	Dieses Feld muß einen Wert enthalten. Ansonsten wird wiederum die automatische Fehlerbedingung für dieses Feld aktiviert

CAPS	...kennen Sie ja schon: Soll der Feldinhalt in Großbuchstaben umgesetzt werden?
FCOLOR	Die Farbe des Feldes
ECOLOR	Wenn die Fehlerbedingung gesetzt ist, welche Farbe soll das Feld dann haben
FATTR	Das Standard-Feldattribut (z.B.: Blinkend, Revers)
EATTR	Das Feldattribut bei aktiver Fehlerbedingung
PAD	Das Füllzeichen für das Feld. Als Standard gilt der Unterstrich
PROTECT	Schreibschutz für dieses Feld
JUSTIFY	Die Ausrichtung des Feldes (links, rechts, zentriert, keine)
NONDISPLAY	Das Feld ist unsichtbar
NOAUTOSKIP	Der Cursor soll nicht, wenn Sie am Ende des Feldes angekommen sind, automatisch zum nächsten springen

Jetzt wissen Sie Bescheid. Üben Sie ein wenig das Verändern von Attributen. Ein Tip: Wenn für ein Feld die Fehlerbedingung aktiviert ist, dann können Sie weder vor- noch zurückblättern und den Schirm nicht mit END verlassen. Für diesen Fall gibt es drei Möglichkeiten: Sie geben den korrekten Wert für das Feld an, Sie verlassen FSEDIT mit dem CANCEL Befehl, oder Sie wählen die OVERRIDE Option (Pulldown-Menu Edit->Override), die die Fehlerbedingung übergeht.

Für's erste reicht's mal wieder, jetzt üben Sie fleißig Schirme malen !

6.3.2 SCL – Oh Gott...

Also, bei dem ganzen Modifizieren von Schirmen haben Sie sicherlich gemerkt, daß das Design zwar schon wesentlich besser als das Standard-Layout werden kann, jedoch immer noch für echte Endanwender zu komplex ist. Gerade in der heutigen Zeit werden Themen wie „Grafische Benutzerschnittstellen" und „Führungsinformationssysteme", nicht zuletzt auf Grund der Marktpenetranz von MS-Windows oder IBM-OS/2, heiß diskutiert. Nun, auch das SAS System läßt sich nicht lumpen, wenn es um Oberflächendesign geht. Mit der SAS/AF Komponente gibt es seit der Version 6.08 eine objektorientierte Entwicklungsumgebung für grafische Endbenutzeroberflächen. Die Sprache, die bei der Entwicklung von „GUIs" („Graphical User Interface") im SAS System benutzt wird, heißt, wie schon des öfteren erwähnt, SCL, und ist, ganz ehrlich, eine sehr umfangreiche Erweiterung zu dem prozedural orientierten Kern des SAS Systems.

Es findet hier eine echte Aufgabenteilung statt: Die Basis-SAS-Sprache, also der DATA STEP und die kennengelernten PROCs helfen Ihnen, Ihre Daten in den Griff zu bekommen und auszuwerten, bis hin zu qualitativ hochwertigen Präsentationsgrafiken. Die SAS/AF Komponente mit der SCL als Sprache bringt die erzielten Ergebnisse dem echten Endanwender näher, der keine DV-Kenntnisse hat, keine haben will, trotzdem jedoch mit Mitteln der DV arbeiten muß. Und auf Grund der vielfältigen Automatisierungsmöglichkeiten können Anwendungen entwickelt werden, die dynamisch zu dem Zeitpunkt, an dem der Anwender einen Knopf in seiner Anwendung drückt, eine aktuelle Information ohne jeden weiteren manuellen Eingriff erzeugen.

Tja, das grenzt fast an Schwärmerei, aber zu solchen Höchstleitungen in punkto Integration ist das SAS System in der Lage. Um Ihnen nun noch abschließend einen Eindruck zu geben, was mit der Screen Control Language getan werden kann, kehren wir zu der FSEDIT Anwendung von gerade eben zurück. Sie haben Ihre Modifikationen in dem Katalogeintrag SASUSER.SCHIRME.ADRESS.SCREEN gespeichert. Rufen Sie jetzt bitte wieder die Prozedur FSEDIT mit Ihrem Schirm-Design auf. Wir wollen einen Zusatz in Punkto „Bedienungsfreundlichkeit" machen - und hierzu verwenden wir die SCL.

Rufen Sie bitte aus Ihrem Schirm heraus das Modifikationsmenü auf (s.o.), und wählen Sie wieder den Punkt „Screen Modification and Field Identification", also das interaktive Editieren Ihres Schirmes. Unser Aufgabe soll es jetzt sein, über ein zusätzliches Feld dem Anwender die Möglichkeit zu geben, während der Ausführung seiner Editierarbeiten die Datei SASUSER.PERSONEN anzuzeigen.

Fügen Sie jetzt, wie Sie es bei unserem abgebildeten Schirm sehen, die Frage „Personen-Datei anzeigen (J/N)?" als Textzeile ein. Hinter dieser Frage fügen Sie einen Unterstrich ein, denn hier soll der Anwender seine Antwort geben.

```
Der  Name:      Nasenbär

Der  Vorname:  Günter

Die  Strasse:  Tonnenweg

Der  Ort:       Heidelberg

Das  Telefon:  06221-999999

Die  PLZ:                    6900


Personen Datei anzeigen (J/N) _
```

Neue Eingabezeile.

Wenn Sie jetzt diese Anzeige beenden, bekommen Sie wieder die Frage, ob Sie berechnete oder wiederholte Felder erzeugt haben. Beantworten Sie diese Frage jetzt mit Y (Ja), denn Sie haben ja ein Feld hinzugefügt. Sie bekommen nun eine Anzeige, die der Dateidefinition gleicht, und in die Sie den Namen der Variablen, die hinter unserem Abfragefeld steht, angeben sollen. Nennen Sie das Feld ANTWORT, und es soll alphanumerisch sein, geben Sie also für den Feldtyp ein „$"-Zeichen ein.

FSEDIT Computed Fields-Schirm.

Beenden Sie diesen Schirm. Sie werden nun nach der Position des Feldes ANTWORT gefragt. Stellen Sie den Cursor auf den Unterstrich hinter der Frage und drücken Sie die ENTER-Taste. Alle Felder sollten nun definiert sein. Beenden Sie den Schirm. Sie befinden sich nun wieder auf der Ebene des Modifikationsmenus.

Nun programmieren wir ein paar SCL-Befehle. Rufen Sie dazu den Menupunkt „3" auf. Sie befinden sich nun im SCL-Programmeditor der Prozedur FSEDIT. Hier geben Sie folgendes Beispielprogramm ein:

```
FSEINIT:
return;

INIT:
return;

MAIN:
 if     UPCASE(ANTWORT)='J'     then     call     execcmdi('FSVIEW
 SASUSER.PERSONEN');
 ANTWORT =' ';
return;
```

```
TERM:
return;

FSETERM:
return;
```

Der Schirm sieht nun wie folgt aus:

```
┌──────────────────────── FSEDIT Program ────────────────────┐
│  File   Edit   View   Locals   Globals   Help              │
├────────────────────────────────────────────────────────────┤
│ FSEINIT:                                                    │
│ return;                                                     │
│                                                             │
│ INIT:                                                       │
│ return;                                                     │
│                                                             │
│ MAIN:                                                       │
│   if upcase(ANTWORT)="J" then call execcmd("FSVIEW SASUSER.PERSONEN"); │
│   ANTWORT="";                                               │
│ return;                                                     │
│                                                             │
│ TERM:                                                       │
│ return;                                                     │
│                                                             │
│ FSETERM:                                                    │
│ return;                                                     │
└────────────────────────────────────────────────────────────┘
```

FSEDIT Programmierung.

Kurz zur Erläuterung des Programmes: Die Begriffe, die mit einem Doppelpunkt enden, sind sog. Programmlabels. Diese Programmlabels haben z.T. fest vordefinierte Namen und werden zu bestimmten Zeitpunkten ausgeführt. Ein Label beginnt mit dem Labelnamen (mit Doppelpunkt am Ende) und wird mit einem RETURN-Befehl abgeschlossen. Alles andere, was sich zwischen Labelnamen und RETURN-Befehl befindet, sind ausführbare Befehle. In unserem Programm kommen ausschließlich „reservierte" Labels vor, die zu folgenden Zeitpunkten ausgeführt werden:

FSEINIT   – beim Start der Prozedur FSEDIT
INIT   – beim Aufruf eines neuen Datensatzes (z.B. durch Blättern oder ADD-Befehl)
MAIN   – bei jeder Aktion innerhalb des Datensatzes
TERM   – beim Verlassen dieses Datensatzes (z.B. durch Blättern oder ADD-Befehl)
FSETERM   – beim Beenden der Prozedur FSEDIT

Im MAIN-Teil sehen Sie SCL-Programmbefehle: Eine IF-Abfrage, die die Variable ANTWORT auf Ihren Inhalt prüft, und ggf. das Kommando FSVIEW SASUSER.PERSONEN absetzt. Die UPCASE-Funktion um den Feldnamen soll nur dafür sorgen, daß auch bei einem kleingeschrieben eingegebenen „J" die Funktion ausgeführt wird. Tja, und das war es auch schon. Nach der Abfrage wird der Wert der Variablen ANTWORT wieder auf den eines Leerzeichens zurückgesetzt.

Wenn Sie nun den Eingabeschirm für das Programm verlassen, sollte die Meldung „Compile successful. Program size=... byte" angezeigt werden. Ansonsten haben Sie sich verschrieben und müssen das Programm nacheditieren und die Fehler beheben. Wenn alles klappt, können Sie jetzt das Modifikationsmenu beenden.

Versuchen Sie jetzt, ein wenig in den Datensätzen Ihrer Datei zu blättern. Es passiert nichts auffälliges. Wenn Sie allerdings die Frage im Schirm mit „J" beantworten, wird FSVIEW für die Datei SASUSER.PERSONEN aufgerufen. Faszinierend, nicht wahr ?

SCL kann einfach sein. Viel Spaß mit diesem Eindruck, üben Sie schön, und schauen Sie zu den Tips & Tricks noch mal 'rein.

6.3.3 Tips & Tricks

Ja, Sie haben es ja gleich geschafft. Nur noch ein kleiner Tip zur Prozedur FSEDIT, dann haben Sie das Buch hinter sich. Der Trick ist auch wirklich klein: Geben Sie, wenn Sie eine SAS Datei mit PROC FSEDIT editieren, doch einmal die Option LABEL beim Aufruf an (also z.B. so):

```
PROC FSEDIT DATA=[SAS Datei] LABEL;
RUN;
```

Dann wird statt der Feldnamen schon einmal der Langtext der Variablen (falls eingegeben) angezeigt. Ist doch hübsch, oder ?

Nun können Sie sich auch schon freuen: Sie sind jetzt diplomierter Überlebender des SAS Survival Handbuches. Wir wollen Sie nicht mit einem endlosen Nachwort langweilen, um auch jetzt noch dem kurzweiligen Stil des Buches treu zu bleiben. Machen Sie es gut, üben Sie schön, und schauen Sie zu einem Folgeband mal wieder 'rein. Es würde uns freuen, Sie z.B. zum SCL Fachmann auszubilden (wäre doch was, wo wir uns so gut kennengelernt haben).

Bis dahin alles Gute mit dem SAS System, und wie schon gesagt:

Keine Panik!

Wir kriegen das schon hin!

Index

Glossar

ACCESS   Allgemein für Zugriff auf EDV-Datenbestände. Auch für Zugriffsrechte benutzt. Siehe auch SAS/ACCESS

ACROSS   Anordnung verschiedener Variablenwerte in der Horizontalebene

ALL   Häufig zulässiges Schlüsselwort zur Auswahl aller vorhandener Variablen

ANALYSIS   Allgemein für Auswertung von Daten. Auch Schlüsselwort zur Kennzeichnung entsprechender Variablen

AND   Boolscher Operator / logisches UND

ANSI   American National Standards Institution = Komittee zur Vereinheitlichung von EDV-Konventionen

AVG   Kurz für Average = Durchschnitt

Allokation   Begriff aus der Mainframe-Welt für Speicherplatz reservieren

alphanumerisch   Datentyp der neben Zahlen auch Buchstaben und nationale Sonderzeichen (Umlaute) enthalten kann

Anklicken   Markieren oder Aufrufen von Bildschirminhalten mit einem Zeigegerät (Maus o.ä.)

Assign   Allgemein für Zuweisung von Werten zu Variablen

Attributes   In SAS verwendet für Eigenschaften von Feldern in Datenmasken oder Menüs

Auflösung   Kein Rätsel sondern das Zuweisen von Werten zu Makrovariablen zur Laufzeit

BROWSE   Modus der Dateiöffnung mit nur Leserechten

BY   Operator für Sortieren von Dateien bzw. Gruppenwechselverarbeitung

Basisstatistiken   Kurz für deskriptive statistische Kennwerte

Batch   EDV-Slang für Stapelverarbeitung (=Hintergrund) im Gegensatz zur Dialogverarbeitung (=Vordergrund)

Benutzerinterface   EDV-Slang für Gesamtheit der Menümasken eines Programms = Schnittstelle zum Benutzer

Benutzerprofil   Einstellungen des Systems je Benutzer. In SAS als Parameterdatei SASUSER.Profile vorhanden

Beobachtung   SAS-Bezeichnung für Datensatz. Historisch wegen früherer Statistik-Spezialisierung

Bericht   Unter Bericht versteht man eine per EDV erzeugte Liste, Tabelle, Graphik o.ä.

Berichtsgenerator   Ein Programm zur Erstellung (Generierung) von Berichten

Bestätigen   Allgemein für Drücken der ENTER-Taste (auch Carriage Return)

Betriebs-System   Zwischen der Hardware und SAS zu denkende Software-Schicht

Betriebssystemebene   Benutzerumgebung nach Einschalten des Rechners und vor dem Starten des SAS Systems

Betriebssystemidentifikation   Bei Mehrplatzsystemen die Anmeldung am System als Benutzer. Auch LOGIN-Prozedur

Bewegungsdatei   Datei mit sich ständig verändernden Daten als Gegensatz zu Stammdaten

Bibliothek   Spezielle Datei die keine Nutzdaten sondern Hinweise auf weitere Dateien enthält

Bildschirmanwendungen   Alternativ für Dialoganwendungen (=Vordergrund)

Biostatistiker   Älteste Klientel des SAS Systems

Box-Whisker-Plot   Grafikkonvention zur Darstellung sämtlicher Verteilungskennwerte im Gruppen- oder Zeitvergleich

Byte   EDV-Begriff für ein einzelnes Zeichen in achtstelliger Binärcodierung

8-Byte-Längenangabe   Standardlänge von alphanumerischen Werten in SAS-Dateien (=acht Zeichen)

CALL   Allgemeines Syntaxelement zum Aufruf von Funktionen

CANCEL   Syntaxelement / Befehl zum Beenden ohne Ausführen bzw. Verlassen ohne Abspeichern

CAPS   Kurzbezeichnung für Capitals = Großbuchstaben

CATALOG   Innerhalb einer Bibliothek/Library eine Datei mit Verweisen auf weitere Dateien

CHART   SAS-Bezeichnung für Grafiken in Balken oder Tortenform

CHISQ   Inferenzstatistische Testgröße: Chi-Quadrat

CLASS   Operator für Gruppendifferenzierung in bestimmten PROCs

CLOCKWISE   Im Uhrzeigersinn

CMS Conversational Monitoring System. Einsteigerbetriebssysteme für Groß-rechner

CNTLLEV Kurz für Controllevel: Angabe für Satz- oder Dateisperrung beim Schreibzugriff mehrerer Benutzer

COBOL Verbreitete Programmiersprache im kaufmännischen Bereich

COLUMN Englisch für Spalte; in SAS technisch für Variable oder Datenfeld ver-wendet

CREATE Syntaxelement zur Erzeugung von Dateien und Views

Cary Kleinstadt in North Carolina

Char Kurz für Character: Alphanumerische Information

Chef-Grafiken Mundgerechte Information

Client-Server-Anwendungen Allgemein für Anwendungen, die auf verschiedene Ressourcen eines Netzwerks zugreifen (können)

Compile Englisch für Übersetzen; EDV-Slang für Übersetzen eines Programm-textes in Maschinensprache

Computed Berechnet

Computer Rechner

Concatenation Spezielle Technik des Zusammenfügens von Dateien

Control Englisch für Steuerung

Cursor Bildschirmmarkierung für die Eingabeposition

Cursor-Tasten Tasten zur Bewegung des Cursors

DATA Syntaxelement zur Einleitung eines DATA-Steps

DATA-Step Programmschritt zur Eingabe/Ausgabe/Manipulation von Daten

DATEI In SAS eine rechteckige Anordnung von Werten in Spalten und Zeilen

DATENFREIGABE Bezeichnung der Enter-Taste auf manchen Mainframe-Terminals

DELIMITER Besonders vereinbarte Zeichen zur Trennung mehrerer Variablen-werte

DEVICE Englisch für Gerät: EDV-Slang für Systembestandteile wie Monitor, Plat-ten, Drucker etc.

3D-Diagramme Graphiken mit denen ein eventueller Zusammenhang dreier Va-riablen sichtbar gemacht werden kann

DIR Kurz für Directory: Inhaltsverzeichnis eines Datenträgerverzeichnisses oder einer Bibliothek

DISCRETE SAS-Schlüsselwort zur Kennzeichnung von Werten als nominalskaliert

DISPLAY   Allgemein für Bildschirm

DM   Kurz für Display Manager, die drei Grundfenster der SAS-Menüumgebung

DO-Block   Mehrmals auszuführendes Programmsegment

DOS   Disk Operating System. Betriebssystem für Rechner mit sparsamem Hauptspeicherausbau wie PCs o.ä.

DOS-Shell   Fenster oder Vollschirm um DOS-Befehle auszuführen

DROP   Syntaxelement zum Entfernen von Variablen aus Dateien

Data-Step-Language   Eine der sieben Programmiersprachen des SAS Systems

Data-View   SAS-Slang für VIEW

Dataset   SAS-Slang für Datei

Datei-Langbeschreibung   Analog zum Format der Variablen kann auch für Datei-namen mehr Information hinterlegt werden

Dateiattributmodifikation   Betriebssystemoperation mit u.U. drastischen Folgen

Dateibeschreibung   Kopfteil von SAS-Dateien

Datenabfrage   Siehe unter Query

Datenanalyse   Zusammenfassend für verschiedenste Auswertungsmethoden in SAS

Datenbanksysteme   Datenlieferanten für SAS-Anwendungen

Datenreduktion   Alternativ für Verdichtung

Datensatz   Mehrere Daten-Felder (Variablen) ergeben einen Datensatz; mehrere Daten-Sätze sind eine Datei

Datenverbindung   Siehe unter CONCATENATE und MERGE

Default   EDV-Slang für Standardeinstellung

Diagramm   Siehe unter PLOT

Directory   Siehe unter DIR

Display-Manager   SAS-Umgebung mit Program Editor, Log- und Output-Fenster für DATA-, PROC-Steps und Makros

Durchschnitt   Allgemein ist damit das arithmetische Mittel gemeint: Quotient aus Summe und Anzahl der Elemente

EBCDIC   Maschinelle Repräsentation von Daten auf Großrechnern

Editieren   EDV-Slang für Verändern/Erweitern einer Datei

Einlesen   Siehe unter INPUT

Einträge   Inhalte eines Katalogs

Endbenutzeroberflächen   Menüs für komplette EDV-Laien

Enter-Taste   Alternativ für Carriage Return oder Datenfreigabe

Entwickler   Programmierer mit konzeptionellen Fähigkeiten

Extern   Hier immer außerhalb des SAS Systems und seiner Datenstrukturen

FBVN   Freunde-Bekannte-Verwandte-Nervensägen

FORTRAN-77   Formula Translation: Programmiersprache für wissenschaftliche Anwendungen

FORTRAN-Hacker   Programmiergenie alter Schule

FROM   SQL-Syntaxelement zur Spezifikation von Quelldateien

Fehlermeldungen   sind wichtige Hinweise!

Feld   Alternativ für Spalte oder Variable

Feldattribute   Definition von Erscheinung und Verhalten von Feldern in Datenmasken

File   SAS-Bezeichnung für externe Klartextdatei

Flatfiles   Siehe unter Rohdaten

Font   EDV-Slang für Zeichensatz

Forecast   Mathematische Technik, Verläufe in der Zukunft abzuschätzen

Format   Ein Format variiert die jeweilige Erscheinungsform von Variablen ohne deren Werte zu ändern

Führungsinformationssysteme   Familie von SAS-Anwendungen für das obere Management

GOPTIONS   Grafik-Optionen

GOTO   Sprungbefehl an den Pointer mit Angabe der Ziel-Sprungmarke

GTESTIT   PROC zum Testen von Grafikausgabegeräten

GUI   Graphical User Interface: Windows-Oberfläche

Gerät   Siehe auch DEVICE

Glockenkurve   Idealtypische Verteilungsform: Grundlage vieler statistischer Tests

Großrechner   Alte Bezeichnung für Mainframe

Günter   Arturs Vetter aus Plüsch

Hilfeschirme   Schnelle Hilfe und meistens aktuell - Leider alles Englisch!

Hochkommata   Aufpassen mit linksrum-rechtsrum-doppelt!

IBM/370-Umgebung   Verbreitete Mainframe-Architektur

IF   Statement zur Selektion von Datensätzen

INFILE   Statement zur Spezifikation einer Filereferenz auf ein externes Rohdatenfile

INIT   Erste Standard-Sprungmarke in SCL-Programmen

INPUT   Zentrales Statement beim Einlesen von Rohdaten mittels DATA-Step

Index   SAS-Indexe kennzeichnen Datensätze gleicher Variableninhalte in einer Datei

Informat   Analog zum Format beschreibt das In-Format die Eingabeform von Variablenwerten

Institute   Kurz für SAS Institute Inc., Cary, NC, USA

Interaktiv   Alternativ für Dialogorientiert

Interface   EDV-Slang für Schnittstelle

Intervallniveau   Messung mit gültiger Abbildung von Abständen, (z.B. Temperatur)

JCL   Job Control Language: Syntax zur Ablaufsteuerung von BATCH-Programmen unter MVS

JOIN   SQL-Analog zum MERGE

Jobname   Name für ein im Hintergrund laufendes Programm; siehe auch Batch

Katalogeintrag   Siehe unter Entry-Type

Key   Englisch für Taste

Klartext   Von Menschen lesbarer Text, wenn auch nicht unbedingt verstehbar

Klassifizierungsvariablen   Siehe unter CLASS

Korrelation   Technisch für Zusammenhang

Korrelationskoeffizienten   Standardisiertes Maß zur Beschreibung von Zusammenhängen zweier Variablen

LIKE-Operator   Kopiert lediglich den Datenbeschreibungsteil einer anderen Datei

Labels   Langtexte für Variablennamen

Langtext   Variablenwerte können durch Formate (= Langtexte) genauer beschrieben werden

Libnamen   Kurz für Library Name

Library Englisch für Bibliothek

Likelihood-Ratio Maß für die Anpassungsgüte zweier Verteilungen

Liniendiagramme Siehe unter PLOT

Liste Einfachste Form eines Berichts

Listing EDV-Slang für Ausdruck eines Programmtextes auf Papier

MAIN Zentrale Sprungmarke/Sektion in SCL-Programmen

MARK Vorbereitung zum Ausschneiden. Siehe CUT

MEMBER-Level-Locking Zugriffstechnik, die beim Schreibzugriff die ganze Datei für andere Benutzer sperrt

MERGE Technik des Mischens von Dateien in SAS

MVS Multiple Virtual Storage: Mainframe-Betriebssystem von hoher Zugangssicherheit

Makro Hier ein SAS-Programm, das über Kontextvariablen gesteuert werden kann

  Siehe Makrovariablen

Makrovariablen Kontext- oder Umgebungsvariablen, die Information zwischen Programmen transferieren

Manager Englisch für Verwalter

Matrizennotation Schreibweise aus der Linearen Algebra

Memtype Kurz für Member Type (in Libraries): DATA oder CATALOG

Mengenlehre Mathematik für Kinder

Metabase Bibliotheksstruktur innerhalb SAS/EIS

Minidisk Logischer Datenträger unter CMS. Siehe auch Volume

Modul Alte Schreibweise für Objekt

Modularität Idealarchitektur jeder Anwendung

Namenskonvention Definition zulässiger Zeichen und Längen

Netzwerkbetrieb siehe Client-Server und SAS/CONNECT

Nominaldaten Daten deren Informationsgehalt sich auf Unterschiede beschränkt

OR Boolscher Operator: Logisches Oder

OS/2 Operating System 2: IBM's Alternativbetriebssystem für Personal Computer

Observations   Englisch für Beobachtungen

Optimierung   s.u. Tuning

PASCAL   Programmiersprache für stark strukturierten Code

PDV   Program Data Vector: Speicherinhalt des SAS-Parsers während der Interpretation von Programmen

PL/1   Programming Language 1: IBM's PASCAL-Analog für Großrechner

PLOT   SAS-Bezeichnung für Grafiken zur Visualisierung von Variablenzusammenhängen.

PMENU   Kurz für Pulldown-Menü

PROC   Kurz für Procedure: Prozedur. Hier eines von zweihundert parametrisierbaren Programmen

PS   Physical Sequential: Sequentielles Dateiformat unter MVS

PUT   Gegenteil von INPUT

Pass-Thru   Von SAS/ACCESS benutzte Technik zum Durchreichen von SQL-Code zum Fremdsystem

Peer-to-Peer-Kommunikation   Kommunikation zwischen gleichartigen Partnern. Sinn und Zweck von SAS/CONNECT

Pie-Chart   Englisch für Kuchendiagramm

Plotter   Zeichengerät mit Stiften im Gegensatz zum Drucker mit Laser, Tinte oder Nadeln

Pointer   Fiktiver Zeigestock, der beim Einlesen über die Daten streicht

Pointer-Steuerung   Befehle des INPUT-Statements zum gezielten Einlesen von Rohdaten

Positionsparameter   Parameterwert, dessen Bedeutung sich aus seiner Position ergibt

Profi   Fortgeschrittener Survivor

Program-Editor   Das Eingabe-Fenster des SAS Display-Managers

Programmlabels   Alternativ für Sprungmarken im SCL-Code

Protokoll-Fenster   LOG-Fenster

Prozeß   EDV-Slang für ein aktives Programm auf Betriebssystemebene (SAS-, LOGIN-, DRUCK-Prozeß)

Pulldown-Menu   Populäre Methode, den Anwender vorm Auswendiglernen von Befehlen zu bewahren

QUIT   Beendet PROCs, die nach einem RUN auf weitere Eingaben warten

Qualifier   Namens-Suffix unter MVS zur Charakterisierung von Dateien; verwandt mit der Extension unter DOS

Query   EDV-Slang für Abfrage auf eine Datenbasis

RECORD-Level-Lock   Technik, beim Schreibzugriff nur den gerade beschriebenen Satz für andere Nutzer zu sperren

RETURN   Rücksprungmarke am Ende eines LINK-Codesegments

RUN   Bringt alle, seit dem letzten PROC- oder DATA-Statement abgeschickten Statements zur Ausführung

Rangdaten   Daten, deren Informationsgehalt sich auf die Reihenfolge (besser/ schlechter) beschränkt

Release   Alternativ für Version mit der Betonung auf Freigabe als produktions- tauglich

Report   Englisch für Bericht

Reset   EDV-Slang für Zurücksetzen in den Ausgangszustand. In SAS verwendet für das Rücksetzen von Optionen

Ressourcen-Bedarf   Hardware-Requirements beachten!

Retrieval-Sprache   Sprache zum Selektieren von Sätzen aus einer Datenbasis; siehe auch SQL

Rohdatenfile   SAS-Slang für Klartextdatei (auch Flatfile oder ASCII-Datei)

Rows   Alternativ für Zeilen oder Sätze

Run-Group-Processing   Prinzip der Abarbeitung von DATA- und PROC-Steps

Rückgängig   siehe auch UNDO

SAS-Datei   Datenbestände die nur vom SAS System gelesen werden können

SAS-Prozedur   Direkt einsetzbare parametrisierbare Programme

SAS/ACCESS   Eine Reihe von SAS Produkten für den Zugriff auf Datenbestände fremder Produkte

SAS/AF   Application Facility: Funktionen zur Entwicklung von Dialoganwendun- gen

SAS/CONNECT   Routinen zur Aufteilung von SAS-Anwendungen in Prozesse auf verschiedenen Rechnern

SAS/FSP   Full Screen Product: Programme für die Vollschirmdarstellung /- manipulation von Daten

SAS/Graph   Für Farbgrafiken unverzichtbarer Teil des SAS Systems

SCATTER   Statement zur Darstellung von Meßwerten in drei Dimensionen

SCL   Screen Control Language: SAS-Programmiersprache zur Ablaufsteuerung von Menüanwendungen

SCL-Programmeditor   Ein spezieller Programmeditor aus der Entwicklungsumgebung SAS/AF

SELECT   SQL-Syntaxelement

SICHT   Deutsch aber ungebräuchlich für VIEW

SPLINE   Mathematisches Verfahren (aus dem Schiffsbau) zur Glättung von Kurven an Stützstellen

SQL   Structured Query Language: Abfrage- und Manipulationssprache für Dateien mit Tabellenstruktur

SUBMIT-Kommando   Absenden des Codes im Program Editor an das SAS System (historisch aus der Batchverarbeitung)

SYMGET   Holt den Wert einer Makrovariablen in ein Datenfeld

SYMPUT   Funktion zur Übergabe eines Datenfelds in eine Makrovariable

Satz   Kurz für Datensatz

Schere   Vorbild für die CUT-Funktion

Schirm   In SAS alternativ für Fenster oder Maske

Schleife   Mehrmals zu durchlaufendes Codesegment

Schnittstelle   Besser: Nahtstelle. Übergang zwischen Hardware, Software und/oder Mensch

Schritt   s.u. Step

Schulnoten   Ordinalskala

Screen   Inhalt des Schirmbildes

Screen-Painting-Funktionen   Gestaltungswerkzeuge für das Schirmbild

Screen-Shot   s.u. Shot

Seitenumbruchsteuerung   Unverzichtbar für den Autor eines Reportgenerators

Sektionen   Codesegmente der Screen Control Language: INIT, MAIN, TERM, u.v.a.m.

Sequentiell   Satz für Satz nacheinander bearbeiten im Gegensatz zu Indexiert

Session-ID   Interne Nummern, die Mehrplatzsysteme zur Identifikation angemeldeter Benutzer erzeugen

Shot   Kurz für Screenshot: EDV-Slang für Kopie eines Bildschirminhaltes auf Papier / in eine Datei

Signifikanzniveau   Statistischer Fehler erster Ordnung

Sinuskurve   Verlauf der sog. harmonischen Schwingung

Skalenniveau   Definition des Informationsgehalts empirischer Werte

Sonderzeichen   Quelle unendlichen Verdrusses bei Ausgabe auf verschiedenen Devices(!) und Wechsel des Systems

Source-Code   Für Menschen lesbare Form von Programmen. Siehe auch Compile

Spalten   Alternativ für Columns oder Felder

Speichereinheiten   Allgemein für Festplatten u.ä.; siehe auch Volumes

Speichern   Niemals vergessen!

Sprung   Befehl an den Pointer, an anderer Stelle weiterzulesen

Sprungmarken   Positionen im Programmcode die mittels GOTO erreicht werden können

Stammdaten   s.o. Bewegungsdaten

Statements   SAS-Codesegmente beginnend mit Schlüsselwort und endend mit Semikolon

Statistikprogramm   SAS in the very Beginning

Step   SAS-Slang für Codesegmente die Daten bearbeiten (DATA Step) oder PROCs aufrufen (PROC Step)

Steuerungssprache   Programmiersprache zum Steuern von Vorgängen im Gegensatz zum Verarbeiten von Dateien

Suchpfad   Liste von Dateiverzeichnissen zum schnellen Finden von Programmen und Daten

Supervisor   EDV-Slang für Systemverwalter

Symbole   Beschreibung der Datenpunkte in Grafiken

Syntax   Allgemein für Satzbau. Hier für Regeln der Abfolge von Schlüsselworten, Operanden, Optionen etc.

Systemoptionen   Zur Steuerung einer SAS-Sitzung mit Betriebssystemparametern

Säulen   Alternativ zu Balken

TRANSPOSE   SAS-Technik zum Kippen von Dateien: Vertauschen von Zeilen und Spalten

TSO-Sitzung   Arbeiten mit der Time Sharing Option unter MVS. Heute größtenteils hinter ISPF-Menüs vesteckt

Table   Englisch für Tabelle

Tabulatortaste   Sprungtaste von Feld zu Feld in Vollschirmanwendungen

Terminal   Bildschirm und Tastatur ohne eigenen Rechner

Textfelder   Variable, die auch alphanumerische Information enthalten können

Tippen   Alternativ für Anklicken

Trennzeichen   s.o. Delimiter

Tuning   Optimierung von Programmlaufzeiten

UNDO   Ungeschehen machen. Systemübergreifende Funktion zur Wiedereinsetzung in den vorigen Stand

UNIX   Betriebssystem für sämtliche Rechnerklassen. Basis des Client-Server-Konzepts

Umlaute   Problemquelle beim Wechsel des Betriebssystems

Update   EDV-Slang für Aktualisieren von Daten und Programmen

Userid   Der Benutzernamen auf Mehrplatzsystemen

VMS   Virtual Memory Service: Verbreitetes Betriebssystem auf Minicomputern

Variable   Alternativ für Feld oder Spalte

Verketten   sog. Concatenate

Verteilung   Empirischer Wertebereich und Häufigkeitsverlauf eines Meßwertes

Verteilungscharakteristika   Statistische Kennwerte

View   SAS-Dateibeschreibung ohne Datenkorpus. Basiert daher auf anderen Dateien bzw. Views etc.

Visualisierung   Gezielte oder Explorative optische Aufbereitung von Daten

Vollschirm-Modus   Historisch für Eingabemöglichkeit auf dem ganzen Bildschirm. Heute benutzt für Dialogfenster

Volume   Mainframe-Abstraktion für logische Festplatten.

WHERE-Bedingung   Operator zum Filtern von Datensätzen

Werkzeugkasten   Wohlwollende Umschreibung des SAS Systems

Wildcard   EDV-Slang für Platzhalterzeichen wie '*'.

Windows   EDV-Slang für Menüumgebungen mit Fenster- und Mausbedienung

Work-Bereiches   Temporäre Dateibibliothek

X-Kommando   Wechselt zum Betriebssystem ohne SAS zu beenden

X-Werte   Horizontal abgetragene Werte

Z-Variable   Variable, deren Werte in der dritten Raumachse gezeichnet werden

Z-Werte   Nichtlineare Transformation

$-Zeichen   Damit werden in SAS alphanumerische Datenformate geprefixed. Alle anderen Formate sind numerisch

%-Zeichen   Dieses Prefix kennzeichnet Syntaxelemente der Makrosprache

&-Zeichen   Das sogenannte Ampersand kennzeichnet Makrovariablen

Zeichensatz   Allgemein eine Liste von 256 verschiedenen Zeichen

80-Zeichen-Lochkarten   Veralteter Datenträger. Eine Karte faßt einen Datensatz zu 80 Zeichen aus eingeschränktem Vorrat

Zeiger   Position in Programm oder Datei an der SAS momentan liest

Zeilen   Alternativ für Beobachtungen oder Datensätze

Springer-Verlag und Umwelt

Als internationaler wissenschaftlicher Verlag sind wir uns unserer besonderen Verpflichtung der Umwelt gegenüber bewußt und beziehen umweltorientierte Grundsätze in Unternehmensentscheidungen mit ein.

Von unseren Geschäftspartnern (Druckereien, Papierfabriken, Verpackungsherstellern usw.) verlangen wir, daß sie sowohl beim Herstellungsprozeß selbst als auch beim Einsatz der zur Verwendung kommenden Materialien ökologische Gesichtspunkte berücksichtigen.

Das für dieses Buch verwendete Papier ist aus chlorfrei bzw. chlorarm hergestelltem Zellstoff gefertigt und im pH-Wert neutral.

Faxkontaktbogen

An: baTz DV-Consulting GmbH, 69115 Heidelberg

FAX: 06 221 181 445   Datum:

Betr.:   SAS Survival Handbuch   Seitenzahl:

O   **Wir planen die Einführung eines Informationssystems**

     O   für Forschung & Entwicklung
     O   für die Fertigungskontrolle
     O   für das Controlling / Rechnungswesen

O   **Unsere aktuelle DV-Umgebung besteht aus**

     O   Hardware:
     O   Betriebssystem:
     O   Standardsoftware:

O   **Wir arbeiten mit dem SAS System und haben Interesse an**

     O   Entwicklerunterstützung / Migration
     O   Inhouse-Schulung
     O   Datenanalyse-Dienstleistungen
     O   Hardware-Beratung

O   **Wir bitten um Kontaktaufnahme**

     O   für einen Telefontermin
     O   für einen Besuch
     O   für eine Präsentation

Unsere Adresse

     Name:
     Firma:
     Abteilung:
     Telefon: